Wie baut und betreibt man Kleinbahnen?

Auf Veranlassung des Königlich Preufsischen
Ministers der öffentlichen Arbeiten

verfafst von

A. Himbeck, und **O. Bandekow,**

Regierungsbaumeister a. D.   Eisenbahn-Bau-
und Betriebsinspektor a. D.

Direktoren der Aktiengesellschaft Osthavelländische
Kreisbahnen zu Berlin.

Mit 2 Figuren.

München und **Berlin.**
Druck und Verlag von R. Oldenbourg.
1906.

Vorwort.

Aus den Kreisen der Kleinbahninteressenten ist
mehrfach der Wunsch nach einer Schrift laut geworden,
welche es auch dem Nichtfachmann ermöglicht, sich
über die Grundsätze und Gesichtspunkte einen Überblick
zu verschaffen, die bei dem Bau und Betrieb von Kleinbahnen in Betracht zu ziehen sind. Die vorliegende
Schrift, in der die Strafsenbahnen nicht berücksichtigt,
vielmehr nur die nebenbahnähnlichen Kleinbahnen behandelt sind, will diesem Wunsche Rechnung tragen.
Sie gibt zunächst im Anschlusse an die Bestimmungen
des Preufsischen Kleinbahngesetzes vom 28. Juli 1892
eine Darstellung des Geschäftsganges beim Bau einer
Kleinbahn und erörtert gleichzeitig, unter Berücksichtigung
der seit dem Bestehen des Kleinbahngesetzes gewonnenen
Erfahrungen, die für das Zustandekommen und die bau-
liche Ausgestaltung einer Kleinbahn wichtigsten technischen und wirtschaftlichen Fragen. In den beiden letzten
Abschnitten sind sodann in kurzen Zügen die Gesichtspunkte besprochen, welche für die Einrichtung der Verwaltung und des Betriebes und für die Bildung der
Tarife zu beachten sind.

Auf eine eingehende Behandlung der gesamten in
Betracht kommenden technischen Einzelheiten ist verzichtet worden, da die Mitwirkung eines im Eisenbahn-

wesen erfahrenen Technikers beim Bau und Betrieb einer
Kleinbahn nicht entbehrt werden kann. Es erschien
jedoch angezeigt, die technischen Grundlagen wenigstens
insoweit zu erörtern, als ihre Kenntnis auch für Nicht-
techniker, welche sich mit Fragen des Kleinbahnwesens
zu beschäftigen haben, von Bedeutung ist.

Berlin, im Dezember 1905.

Die Verfasser.

Inhaltsverzeichnis.

Abkürzungen.

Z. f. K. = Zeitschrift für Kleinbahnen.
M. E. = Erlafs des Ministers der öffentlichen Arbeiten.

1. Einleitung.

Nach dem preufsischen Gesetze über Kleinbahnen
und Privatanschlufsbahnen vom 28. Juli 1892 sind Kleinbahnen solche dem öffentlichen Verkehre dienenden
Eisenbahnen, welche wegen ihrer geringen Bedeutung
für den allgemeinen Eisenbahnverkehr dem Gesetze über
die Eisenbahnunternehmungen vom 3. November 1838
nicht unterliegen. Insbesondere sind Kleinbahnen der
Regel nach solche Bahnen, welche hauptsächlich den
örtlichen Verkehr innerhalb eines Gemeindebezirks oder
benachbarter Gemeindebezirke vermitteln, sowie Bahnen,
welche nicht mit Lokomotiven betrieben werden.

Das Mafs der Spurweite bildet kein Unterscheidungs-
merkmal zwischen Kleinbahnen und den eigentlichen
Eisenbahnen.

Die meisten Kleinbahnen sind an das Eisenbahn-
netz angeschlossen, entweder unmittelbar so, dafs die
Wagen übergehen können, oder mittelbar so, dafs die
Umladung der Güter leicht vorgenommen werden kann.

Da bei den Kleinbahnen die Rücksichten auf den
Fern- und Schnellverkehr fortfallen, so kann ihre Linienführung den örtlichen Verkehrsbedürfnissen besser an-
gepafst werden, als dies bei Eisenbahnen möglich ist.
Kleinbahnen können infolgedessen mehr Ortschaften berühren und einen Bezirk besser aufschliefsen als Eisen-

bahnen, bei denen meist mehrere Ortschaften auf die
Benutzung einer einzigen, oft weit entfernten Station
angewiesen sind.

Bei den Kleinbahnen mit Maschinenbetrieb werden
zwei Klassen unterschieden. Die eine umfafst die städtischen S t r a f s e n b a h n e n und solche Kleinbahnen, die
trotz der Verbindung von Nachbarorten infolge ihrer
hauptsächlichen Bestimmung für den Personenverkehr
und ihrer baulichen und Betriebseinrichtungen einen den
städtischen Strafsenbahnen ähnlichen Charakter haben.
Der zweiten Klasse werden diejenigen Kleinbahnen zu-
gerechnet, die den Personen- und Güterverkehr von
Ort zu Ort vermitteln und sich nach ihrer Ausdehnung,
Anlage und Einrichtung der Bedeutung der nach dem
Gesetze vom 3. November 1838 konzessionierten Neben-
eisenbahnen nähern (n e b e n b a h n ä h n l i c h e K l e i n -
b a h n e n).

In den nachfolgenden Ausführungen sollen die
Strafsenbahnen aufser Betracht bleiben und nur die nebenbahnähnlichen Kleinbahnen behandelt werden.

2. Die Spurweite der Kleinbahnen.

Die Wahl der Spurweite ist eine der wichtigsten
Fragen beim Bau einer Kleinbahn. Die Entscheidung
kann nicht allgemein, sondern nur von Fall zu Fall
unter Berücksichtigung der Gelände- und der Verkehrs-
verhältnisse getroffen werden.

Eine n a c h t r ä g l i c h e Ä n d e r u n g der S p u r w e i t e
ist mit grofsen Schwierigkeiten und Kosten verknüpft.
Der Umbau einer schmalspurigen Bahn in eine vollspurige erfordert die Verbreiterung des Bahnkörpers, die
Verlegung ganzer Bahnstrecken und die Herstellung eines
neuen Bahnkörpers zur Beseitigung scharfer Krümmungen,
den Umbau der Brücken, die Einlegung eines stärkeren

Nachträg-
liche Ände-
rung der
Spurweite.

Oberbaues usw. Ein derartiger Umbau einer Bahn von 0,75 m Spurweite in eine vollspurige Bahn ist bei der Strecke Klotzsche-Königsbrück der Sächsischen Schmalspurbahnen ausgeführt worden (Z. f. K. 1897, S. 440). Die Kosten waren, trotzdem die Verhältnisse für den Umbau günstig waren, sehr erheblich und beliefen sich auf etwa 51 000 M. für das Kilometer.

Bei Kleinbahnen in Preußen sollen neben der normalen Spur von 1,435 m für Schmalspurbahnen in der Regel nur die Spurmaße von 1,00 m, 0,75 m und 0,60 m angewendet werden. Ausnahmsweise, so namentlich für die Erweiterung vorhandener Bahnen, werden abweichende Maße zugelassen. Am 31. März 1904 waren in Preußen an nebenbahnähnlichen Kleinbahnen insgesamt 7631,71 km vorhanden oder wenigstens genehmigt, davon

Zulässige Spurmaße.

2273,27 km mit 1,435 m Spurweite
1780,29 ,, ,, 1,00 ,, ,,
1660,15 ,, ,, 0,75 ,, ,,
548,34 ,, ,, 0,60 ,, ,,
1120,16 ,, ,, gemischter Spurweite
249,50 ,, ,, abweichender Spurweite.

Die Vorteile der normalen Spur von 1,435 m gegenüber der schmalen Spur sind folgende:

Vorteile der Normalspur.

1. An der Anschlußstelle können die Wagen zwischen Kleinbahn und Eisenbahn unmittelbar übergehen, so daß die Umladung fortfällt.

2. Die Fahrzeuge haben einen ruhigeren Gang und eine größere Standsicherheit gegen Umkippen, namentlich bei starkem Winde.

3. Die zulässige Fahrgeschwindigkeit der Züge ist größer.

4. Die Lokomotiven können eine größere Zugkraft, die Wagen ein größeres Fassungsvermögen erhalten.

Als Vorteile der schmalen Spur gegenüber der normalen Spur sind zu bezeichnen:

1. Die Baukosten sind geringer.

2. Die Herstellung von Anschlüssen an vorhandene Fabrikanlagen u. dgl. wird unter Umständen durch die Anwendung der schmalen Spur erleichtert.

3. Die Spurweite von 60 cm gestattet den unmittelbaren Anschluſs von privaten Feldbahnen, für welche diese Spurweite gebräuchlich ist.

Was die umstehend angeführten Vorteile der Normalspur im einzelnen anbelangt, so ist es klar,
daſs durch den unmittelbaren Wagenübergang zwischen Kleinbahn und Eisenbahn und den Wegfall der Umladung eine wesentliche Kostenersparnis erzielt wird. Die Kosten der Umladung sind bei verschiedenen Güterarten sehr verschieden und können durch zweckmäſsige Umladevorrichtungen, wie Sturzgerüste u. dgl., vermindert werden. Manche Güter vertragen indessen ein Stürzen nicht, z. B. Ziegelsteine und Tonwaren, und müssen mit der Hand umgeladen werden. Als Umladegebühr pflegen für Wagenladungsgüter 0,20 bis 0,25 M. für 1000 kg, für sperrige Güter (Heu, Stroh, Holz) und Stückgüter 0,50 bis 1,00 M. für 1000 kg erhoben zu werden. Als brauchbares Mittel, die Umladung zu vermeiden, hat sich nur das Rollbocksystem erwiesen. Die normalspurigen Eisenbahnwagen werden dabei auf schmalspurige Rollböcke gesetzt. Das System ist nur bei Bahnen von 1,0 und 0,75 m Spurweite anwendbar. Bei 0,60 m Spurweite wird die Sicherheit gegen Umkippen zu gering.

Die Nachteile des Rollbocksystems bestehen darin, daſs die Überführung der Eisenbahnwagen auf die Rollböcke und zurück mit Unbequemlichkeiten und Zeitverlust verbunden ist, daſs aus Gründen der Betriebssicherheit nur eine kleine Zahl von aufgeschemelten

Vollspurwagen in den Zug eingestellt werden kann und
daſs für diesen die Geschwindigkeit ermäſsigt werden
muſs. Auch erfahren die Brücken eine gröſsere Belastung, und die Unterführungen der Kleinbahn bedürfen
einer gröſseren Lichthöhe. Immerhin ist das Rollbocksystem bei hohen Umladekosten vielfach mit Vorteil
anzuwenden.

Der ruhigere Gang der Fahrzeuge auf einer *Ruhiger*
normalspurigen Bahn erhöht nicht nur die Bequemlich- *Gang der Fahrzeuge.*
keit des Reisens, sondern ist auch auf die Betriebskosten
der Bahn von wesentlichem Einfluſs. Die Betriebsmittel
sowohl wie der Oberbau werden durch die Stöſse der
Fahrzeuge weniger angegriffen und erfordern geringere
Unterhaltungskosten. Trotz geringeren Verkehres sind
die Kosten der Oberbauunterhaltung bei schmalspurigen
Bahnen ebenso groſs, vielfach sogar gröſser als bei normalspurigen. Es liegt auf der Hand, daſs dieselbe Un-
gleichheit in der Höhenlage der Schienen bei einer Spurweite von 0,75 m doppelt so groſse Schwankungen der
Fahrzeuge hervorruft als bei der doppelt so breiten
Normalspur.

Auf einem normalspurigen Gleise besitzen die Fahr- *Stand-*
zeuge selbst bei starken Stürmen völlige Standsicher- *sicherheit der*
heit. Bei einer Spurweite von 1,0 m wird diese Sicher- *Fahrzeuge.*
heit, ohne daſs zu einer unzweckmäſsigen Bauart der
Wagen geschritten zu werden braucht, in der Regel auch
noch vorhanden sein. Dagegen sind die Betriebsmittel
der Spurweiten von 0,75 und 0,60 m bei starken Winden
der Gefahr des Umfallens ausgesetzt, so daſs Kleinbahnen
mit solchen Spurweiten dann den ¦Betrieb einstellen
müssen. In Gegenden, z. B. an den Küsten, wo starke
Winde häufig auftreten, empfiehlt sich daher die Anwendung einer Spurweite von weniger als 1,0 m nicht.

Die zulässige Fahrgeschwindigkeit soll ¦nach *Fahr-*
den Betriebsvorschriften für Kleinbahnen mit Maschinen- *geschwin-digkeit.*
betrieb vom 13. August 1898, § 24 (Z. f. K. 98, S. 452)

bei 1,435 m Spurweite 30 km
» 1,0   »   »   30 »
» 0,75 »   »   25 »
» 0,60 »   »   20 »

in der Stunde nicht übersteigen.

Die unter Berücksichtigung der Stationsaufenthalte erzielten Durchschnittsgeschwindigkeiten betragen bei Kleinbahnen von

1,435 m Spurweite etwa 20 bis 25 km
1,0   »   »   » 18 » 22 »
0,75 »   »   » 15 » 20 »
0,60 »   »   » 11 » 16 »

Die gröfsere Fahrgeschwindigkeit ermöglicht eine bessere Ausnutzung der Betriebsmittel und des Personals; auch kann die Zugfolge leichter verdichtet und die Betriebsleistung der Bahn gesteigert werden.

Von besonderer Wichtigkeit ist die Fahrgeschwindigkeit für den Personenverkehr. Je geringer sie ist, desto mehr treten die Vorteile zurück, die die Benutzung der Bahn dem Reisenden bietet, und um so eher wird dieser auf die Beförderung mit der Bahn verzichten und die Reise zu Fufs oder zu Wagen zurücklegen. Eine Erhöhung der Fahrgeschwindigkeit wird stets auch eine stärkere Benutzung der Bahn zur Folge haben.

Zugkraft der Lokomotiven. Bei der Normalspur darf die Belastung eines Rades in der Regel mindestens 6 t, bei der Schmalspur mit Rücksicht auf den schwächeren Oberbau meist nur 2,5 bis 3 t betragen. Die Lokomotiven der Normalspur können deshalb verhältnismäfsig schwerer gebaut werden und eine gröfsere Zugkraft erhalten. Da das zulässige Gewicht eines Zuges aber in erster Linie von der Zugkraft der Lokomotive abhängig ist, so lassen sich auf einer normalspurigen Bahn mit der gleichen Anzahl von Zügen, also ohne Erhöhung des Aufwandes an Zugpersonal, gröfsere Transportleistungen erzielen als auf schmalspuriger Bahn.

Auch das Fassungsvermögen der Wagen ist
bei der Normalspur gröfser. Die gewöhnlichen zweiachsigen Güterwagen können ein Ladegewicht von 15 t
= 300 Zentnern erhalten, während sie bei der Schmalspur meist nur ein Ladegewicht von 5 bis 6 t = 100 bis
120 Zentnern besitzen. Für höhere Ladegewichte mufs
bei Schmalspurwagen die Zahl der Achsen vermehrt
werden. Meist werden die Wagen dann mit zwei zweiachsigen Drehgestellen ausgerüstet. Wagen von mehr
als 10 t = 200 Zentnern Ladegewicht sind auf Schmalspurbahnen wenig gebräuchlich.

Von den erörterten Vorteilen der Normalspur sind
es namentlich die gröfsere Fahrgeschwindigkeit und die
gröfsere Zugkraft der Lokomotiven, welche eine höhere
Leistungsfähigkeit dieser Spurweite gegenüber der Schmalspur bedingen.

Der wesentlichste Vorteil der schmalen Spur gegenüber der Normalspur sind die geringeren Baukosten.
Über den Unterschied in den Baukosten normalspuriger
und schmalspuriger Kleinbahnen sind jedoch vielfach
irrige Ansichten verbreitet.

Aus der Statistik der nebenbahnähnlichen Kleinbahnen ergeben sich als Durchschnittswerte der Baukosten für 1 km Bahnlänge

bei 1,435 m Spur 79 553 M.
   » 1,00   »   » 52 310 »
   » 0,75   »   » 37 301 »
   » 0,60   »   » 22 254 »

Man hat aus diesen Zahlen häufig die Folgerung
gezogen, dafs die Kosten einer Bahn von

1,0 m Spurweite nur 66 %
0,75 »   »   » 47 »
0,60 »   »   » 28 »

von denen einer normalspurigen Bahn betragen. Eine
solche Schlufsfolgerung ist aber unzutreffend.

Ein richtiges Urteil über den Kostenunterschied zwischen Normalspur und Schmalspur läfst sich nur gewinnen, wenn für einen bestimmten Fall Vergleichsentwürfe aufgestellt und die Kosten für jeden einzelnen Entwurf genau ermittelt werden.

Bei einfachen Geländeverhältnissen, im Flachlande und im Hügellande mit mäfsigen Höhenbildungen, ist der Unterschied in den Baukosten normalspuriger und schmalspuriger Bahnen viel geringer, als er sich nach den vorstehenden Durchschnittswerten ergibt. Kleinbahnen im Flachlande werden bei Anwendung der Normalspur nur um etwa 8000 bis 12 000 M. für das Kilometer teurer als bei schmalspuriger Ausführung. Der Unterschied beruht im wesentlichen in den Kosten des Oberbaues. Dieser Unterschied ist aber erheblich geringer, als man in den ersten Zeiten des Kleinbahnbaues annahm, wo man Schienen von 7 bis 10 kg metrischem Gewicht bei Bahnen von 0,60 und 0,75 m Spur für ausreichend hielt und glaubte, derartige Bahnen mit einem Kostenaufwande von 10 000 M. für das Kilometer herstellen können. Solche nach Art der transportablen Feldbahnen leicht gebauten Bahnen haben sich für einen regelmäfsigen Betrieb nicht bewährt. Man ist vielmehr zu der Einsicht gelangt, dafs nur durch eine solide Bauausführung eine billige Betriebsführung sich erzielen läfst, und dafs es unwirtschaftlich ist, an den Baukosten zu sparen, wenn durch solche Ersparnisse der Betrieb verteuert wird.

Bei einfachen Geländeverhältnissen werden die Kosten einer solide gebauten und gut ausgerüsteten Kleinbahn, einschliefslich Betriebsmittel

für 1,435 m Spur etwa 38 000 M.
 » 1,00 »   »   » 30 000 »
 » 0,75 »   »   » 28 000 »
 » 0,60 »   »   » 26 000 »

auf das Kilometer betragen, vorausgesetzt, daſs für die
Ausrüstung der Bahn mit Betriebsmitteln, Hochbauten,
befestigten Ladestraſsen usw. in allen Fällen gleiche Be-
triebsleistungen zugrunde gelegt sind.

Ein gröſserer Kostenunterschied zwischen Normalspur und Schmalspur ergibt sich in gebirgigem Gelände.
Hier kann die Schmalspur, bei der schärfere Krümmungen
zulässig sind, sich dem Gelände besser anschmiegen und
erfordert dann vielfach einen erheblich geringeren Aufwand an Erdarbeiten und Kunstbauten. Sichere Unterlagen für die Beurteilung des Kostenunterschiedes zwischen
Normalspur und Schmalspur lassen sich für derartige
Fälle nur durch die Aufstellung und Veranschlagung
von Vergleichsentwürfen gewinnen.

Die erforderliche Herstellung von Anschlüssen
an vorhandene Fabrikanlagen u. dgl. hat bisweilen die
Anwendung der schmalen Spur beim Bau von Kleinbahnen auch da notwendig und unvermeidlich gemacht,
wo nach den Verkehrsverhältnissen die normale Spur
sonst den Vorzug verdient hätte, die örtlichen Verhältnisse ihre Anwendung aber nicht gestatteten. So hat
sich z. B. bei der Kleinbahn in der Stadt Forst der Anschluſs zahlreicher, an engen städtischen Straſsen bele-
genen Fabrikanlagen nur durch die Anwendung der
schmalen Spur ermöglichen lassen, da die unumgänglich
notwendigen scharfen Gleiskrümmungen bei einer normalspurigen Bahn nicht zulässig gewesen wären. *Gleis-
anschlüsse.*

Was die Möglichkeit des unmittelbaren An-
schlusses privater Feldbahnen betrifft, die als
besonderer Vorzug der Spurweite von 60 cm vielfach
hervorgehoben ist, so hat sich dieser Vorteil meist nicht
in dem erwarteten Maſse ausnutzen lassen und kann
gegenüber den vielfachen Nachteilen dieser Spurweite
nicht als ausschlaggebender Grund für ihre Anwendung
angesehen werden. *Anschlüsse
von Feld-
bahnen.*

Schlufsbe-
trachtung. Im allgemeinen verdient die Normalspur im ebenen Gelände, wo die Unterschiede in den Baukosten der verschiedenen Spurweiten mäfsig sind, den Vorzug vor der Schmalspur. Insbesondere gilt dies für kurze Bahnen, welche an normalspurige Eisenbahnen anschliefsen. Je geringer die Bahnlänge und je gröfser der Güterübergang ist, desto weniger fällt die Ersparnis an Baukosten gegenüber den Kosten der Umladung ins Gewicht. Bei einer Bahnlänge von 5 km und einem Güterübergange von jährlich 10000 t würde eine Bahn von 75 cm Spurweite jährlich an Zinsen der Baukosten, bei einem Satze von 4%,

$$5 \cdot 10000 \cdot \frac{4}{100} = 2000 \text{ M.}$$

weniger erfordern als die Normalspur, während durch die Umladung eine Mehrausgabe von etwa

$$10000 \cdot 0,25 = 2500 \text{ M.}$$

erwächst. Je mehr der Übergangsverkehr sich steigert, desto ungünstiger gestalten sich die Verhältnisse für die Schmalspur.

Dagegen kann die Anwendung der Schmalspur wirtschaftliche Vorteile bieten, wenn es sich darum handelt, ein gröfseres Verkehrsgebiet durch ein Netz von Kleinbahnen aufzuschliefsen, und der Binnenverkehr dieses Netzes gegen den Übergangsverkehr mit den anschliefsenden Eisenbahnen überwiegt. Dies kann z. B. der Fall sein, wenn innerhalb des Kleinbahnnetzes gewerbliche Anlagen, wie Zuckerfabriken, Brennereien, Molkereien u. dgl., vorhanden sind, denen die Erzeugnisse des Gebietes zugeführt werden können, ohne dafs normalspurige Bahnen berührt werden.

Von den drei schmalen Spurweiten von 1,0, 0,75 und 0,60 m hat die 60 cm-Spur sich am wenigsten bewährt. Die Nachteile der Schmalspur, wie die geringere Standsicherheit und der unruhigere Gang der Fahrzeuge, die geringere Fahrgeschwindigkeit, machen sich bei dieser

schmalsten Spur am meisten bemerklich. Da die 60 cm-
Spur bei Anwendung eines soliden Oberbaues sich nur
unbeträchtlich billiger stellt als die Spurweiten von 1,0
und 0,75 m, so sind diese der 60 cm-Spur im allgemeinen
vorzuziehen.

Welche der beiden Spurweiten von 1,0 und 0,75 m
den Vorzug verdient, hängt von den besonderen Verhältnissen des Einzelfalles ab. Vielfach wird durch den
Anschluſs an vorhandene Bahnen der einen oder der
anderen Spurweite die Wahl bedingt. Der Unterschied
in den Baukosten ist in der Regel unerheblich.

3. Vorbereitende Schritte für den Bau einer Kleinbahn.

Die erste Anregung zum Bau einer Kleinbahn wird
meist durch die Wünsche der Interessenten gegeben.
Vielfach wird ein besonderes Komitee für den Bau der
gewünschten Bahn gebildet, auch wird die Angelegenheit
häufig von den beteiligten Kommunalverbänden (Kreisen,
Städten, Gemeinden usw.) in die Hand genommen.

Es handelt sich zunächst darum, ungefähr festzustellen, welche Ortschaften die Bahn berühren und welche
Anschlüsse an vorhandene Bahnen sie erhalten soll.
Empfehlenswert ist, schon in diesem Stadium der Angelegenheit einen unparteiischen technischen Sachverständigen zu Rate zu ziehen, damit von vornherein die technischen Anforderungen gebührend berücksichtigt werden.

Bevor an die Aufstellung eines Entwurfes heran-
getreten wird, ist die Entscheidung des Ministers der
öffentlichen Arbeiten darüber einzuholen, ob die geplante
Bahn als Kleinbahn zugelassen wird, und ob gegen die
Erteilung der Erlaubnis zu Vorarbeiten Bedenken ob-
walten (M. E. vom 13. Januar 1896, Z. f. K. 96, S. 115).

Der Antrag ist an den Regierungspräsidenten desjenigen Bezirkes zu richten, in dem die Bahn ganz oder zum gröfseren Teile liegt. Dem Antrage sind beizufügen:

1. Eine Übersichtskarte (Generalstabskarte 1 : 100 000), in welche die Bahn mit einer einfachen roten Linie eingetragen ist,
2. eine kurze Beschreibung mit Angaben über Spur- weite, Betriebsart (Dampf, Elektrizität usw.), Ver- kehr (Personen-, Güterverkehr), Anschlüsse an vorhandene Bahnen und Kreuzungen mit an- deren Bahnen.

In dem Antrage ist der Nutzen der Bahn für das öffentliche Wohl darzulegen und nachzuweisen, dafs die Beschränkung auf den örtlichen Verkehr die Unterstellung des Bahnunternehmens unter das Kleinbahngesetz recht- fertigt. Die beabsichtigte Finanzierung ist wenigstens soweit zu erörtern, dafs die Möglichkeit der Durchführung des Unternehmens dargetan ist.

Falls die Wahl der Spurweite und der Betriebsart nicht von vornherein durch zwingende Gründe bedingt, sondern von dem Ergebnisse der Entwurfsbearbeitung abhängig zu machen ist, so ist dies im Antrage zum Ausdruck zu bringen.

Der Minister trifft sodann Entscheidung, ob die Bahn als Kleinbahn zuzulassen ist und die Genehmigung zur Vornahme der Vorarbeiten gemäfs § 5 des Enteig- nungsgesetzes vom 11. Juni 1874 erteilt werden kann. Er bestimmt gleichzeitig diejenige Königliche Eisenbahn- direktion, welche im weiteren Verfahren bei der Geneh- migung und Beaufsichtigung mitzuwirken hat.

Fällt der Bescheid in bejahendem Sinne aus, so er- teilt der Bezirksausschufs die Genehmigung zur Aus- führung der Vorarbeiten. Jeder Grundeigentümer ist damit verpflichtet, das Betreten seiner Grundstücke zur Ausführung dieser Arbeiten zu gestatten.

4. Aufstellung eines allgemeinen Entwurfes.

Um die Baukosten und den voraussichtlichen Ertrag einer Kleinbahn festzustellen und beurteilen zu können, ob die geplante Bahn bauwürdig ist, bedarf es zunächst der Aufstellung eines allgemeinen Entwurfes.

Die Aufstellung erfolgt zweckmäfsig durch einen unparteiischen technischen Sachverständigen. Wird aber der Entwurf durch einen Bauunternehmer oder eine Baugesellschaft aufgestellt, welche sich um die Übernahme der Bauarbeiten bewerben und an der Aufbringung des Baukapitals beteiligen sollen, so empfiehlt es sich, den Entwurf und die grundlegenden Berechnungen (Kostenanschlag, Ertragsberechnung) durch einen unparteiischen Sachverständigen prüfen zu lassen.

Der allgemeine Entwurf besteht aus

1. einer Übersichtskarte,
2. einem Kostenüberschlage,
3. einer Ertragsberechnung,
4. einem Erläuterungsberichte.

Zur Anfertigung dieser Entwurfstücke mufs in erster Linie der Umfang des zu erwartenden Verkehres ermittelt werden. Zu diesem Zwecke werden den an der Bahn liegenden Städten, Gemeinden und Gütern Fragebögen zugestellt, in denen die voraussichtlichen Verkehrsmengen nach Schätzung einzutragen sind. Die Schätzungen fallen häufig zu hoch aus. Sie müssen sorgfältig geprüft und nötigenfalls berichtigt werden, wofür die Betriebsergebnisse vorhandener Bahnen vielfach einen Anhalt gewähren. Von der Gröfse des Verkehres ist die Zahl der zu beschaffenden Betriebsmittel, der Umfang der Stationsanlagen (Gleise, Ladestrafsen, Hochbauten usw.) abhängig.

Ermittelungen über den Verkehr.

Zur Ermittelung der Baukosten sind örtliche Aufnahmen meist nicht erforderlich, wenn Karten der

Ermittelung der Baukosten.

Landesaufnahme im Maſsstabe 1 : 25000 (Meſstischblätter)
zur Verfügung stehen und wenn die Gelände- und Wasser-
verhältnisse sowie die Ortslagen einfacher Art sind.
Zur Klarstellung der Anschlüsse an vorhandene Bahnen,
deren Kosten erheblich ins Gewicht fallen können, sind
örtliche Aufnahmen in der Regel nicht zu entbehren.
Oft erweist sich ein vorläufiges Längennivellement als
zweckmäſsig, da es für den Umfang der Erdarbeiten und
die Wahl der gröſsten Steigung genauere Anhaltspunkte
gewährt.

Da das erforderliche Baukapital auf Grund des Kostenüberschlages festgesetzt werden soll, so muſs dieser mit
besonderer Sorgfalt aufgestellt werden. Auf eine gediegene
Bauausführung, auf die Wahl eines kräftigen Oberbaues,
die Beschaffung einer genügenden Zahl von Betriebsmitteln und die Herstellung ausreichender Stationsanlagen
ist besonderes Gewicht zu legen.

Oberbau.   Die Kosten des Oberbaues bilden einen wesentlichen Teil der Baukosten einer Kleinbahn.   Vielfach
entfällt auf sie mehr als die Hälfte der ganzen Bausumme.
Namentlich in der ersten Zeit des Kleinbahnbaues richtete
sich deshalb das Bestreben darauf, an den Kosten des
Oberbaues zu sparen, um die Kosten der Kleinbahnen
zu ermäſsigen.   Man ist hierin aber vielfach zu weit gegangen. Bei einem zu leichten Oberbau wird die Ersparnis
an Baukosten durch die Mehrkosten der Unterhaltung
und Erneuerung hinfällig gemacht.

Schienen-   Die Feststellung des Schienenprofiles bedarf
profil.   einer eingehenden Erwägung und muſs im Zusammenhange mit der Frage der Unterschwellung erörtert werden.
Die Anwendung einer etwas schwereren Schiene erhöht
die Kosten des Oberbaues meist nicht wesentlich, da die
Zahl der Schwellen dabei eingeschränkt werden kann.
Die schwerere Schiene bietet aber den Vorteil, daſs sich
durch Vermehrung der Schwellenzahl die Tragfähigkeit
des Oberbaues nötigenfalls erhöhen läſst, während dies

bei leichteren Schienen wegen der bereits angewandten engen Schwellenlage oft nicht mehr möglich ist.

Nach den vorliegenden Erfahrungen muſs auch bei Schmalspurbahnen von 60 cm Spurweite ein Schienengewicht von 14 bis 15 kg für das Meter als unterste zulässige Grenze angesehen werden. Bei Kleinbahnen von 0,75 und 1,0 m Spurweite sind Schienen von 14 bis 20 kg Gewicht gebräuchlich, vereinzelt finden sich Schienen von höherem Gewicht angewandt.

Für normalspurige Kleinbahnen haben Schienen von 23,8 und 24,4 kg Gewicht am meisten Verwendung gefunden. Seltener sind schwerere Schienen, wie z. B. die Profile 11a und 10a für Nebenbahnen der preuſsischen Staatsbahnverwaltung mit 27,55 und 31,16 kg Gewicht oder das Profil 6d für Hauptbahnen mit 33,4 kg Gewicht, angewandt worden.

Der Oberbau normalspuriger Kleinbahnen muſs beim Übergang von Staatsbahnwagen ausreichende Tragfähigkeit für einen Raddruck von mindestens 6 t besitzen. Die Schienen von 23,8 und 24,4 kg Gewicht bedürfen schon einer ziemlich reichlichen Unterstützung durch Schwellen, um dieser Forderung zu genügen. Sie werden sich dann für Bahnen mit günstigen Krümmungs- und Neigungsverhältnissen im allgemeinen als auskömmlich erweisen. Für Bahnen mit scharfen Krümmungen und starken Neigungen muſs die Anwendung kräftigerer Schienen aber dringend anempfohlen werden.

Auf eine kräftige Verlaschung der Schienenstöſse ist besonderer Wert zu legen. Die früher üblichen Flachlaschen sind auch für Kleinbahnen unzureichend. Die Anwendung kräftiger Winkel- oder Kremplaschen erfordert nur geringe Mehrkosten und ist wirtschaftlich von Vorteil, da sie die Kosten der Unterhaltung und Erneuerung des Oberbaues vermindert. *Verlaschung.*

Ferner empfiehlt es sich, zur Schonung des Oberbaues und zur besseren Erhaltung der richtigen Gleislage *Unterlagsplatten.*

in ausgedehnterem Mafse, als dies bislang geschehen, Unterlagsplatten zwischen Schiene und Schwelle, wenigstens bei Schwellen aus weichem Holz, zu verwenden. Bei Gleisen mit scharfen Krümmungen und starken Neigungen sind sie unentbehrlich, aber auch bei günstigen Krümmungs- und Neigungsverhältnissen bieten sie wesentliche Vorteile. Für Schmalspurbahnen sind wegen der häufig vorkommenden scharfen Krümmungen und Steigungen Unterlagsplatten ebenso wichtig wie für normalspurige Bahnen. ·

Bahn-
schwellen.

Als Bahnschwellen werden in der Regel hölzerne Querschwellen verwandt. Eiserne Schwellen sind kostspieliger und nur da anwendbar, wo Bettungsmaterial aus gutem Steinschlag zur Verfügung steht. Hölzerne Bahnschwellen werden meist aus Kiefernholz, seltener aus Buchen- oder Eichenholz hergestellt. Kieferne und buchene Schwellen müssen zum Schutze gegen Fäulnis getränkt werden. Zur Tränkung wird meist die auch bei der Staatsbahnverwaltung übliche Mischung von Chlorzink und Teeröl benutzt.

Es empfiehlt sich, die Zahl und die Abmessungen der Schwellen nicht zu knapp zu wählen. Für normalspurige Bahnen sind Schwellen von 24 cm Breite, 14 cm Stärke und 2,5 m Länge zu empfehlen. Doch findet man vielfach auch Schwellen von nur 20 bis 22 cm Breite und 2,4 m Länge verwandt. Bei schmalspurigen Bahnen weichen die Abmessungen auch bei gleichen Spurweiten je nach den in Betracht kommenden Raddrücken und Radständen der Fahrzeuge oft erheblich voneinander ab. Allgemeine Durchschnittswerte lassen sich nicht angeben. Die Wahl der Schwellenzahl und Abmessungen bedarf in jedem einzelnen Falle sorgfältiger Erwägung.

Betriebs-
mittel.

Nächst dem Oberbau nimmt die Beschaffung der Betriebsmittel einen beträchtlichen Teil der Bausumme in Anspruch. Die Zahl der zu beschaffenden Wagen mufs der Gröfse des zu erwartenden Verkehrs entsprechen. Sie ist häufig viel zu gering bemessen worden, so dafs bald nach Eröffnung einer Bahn umfangreiche Neubeschaffungen erforderlich geworden sind. Fehlende Betriebsmittel leihweise zu beschaffen, erweist sich in der Regel als unwirtschaftlich.

Bei normalspurigen Kleinbahnen werden die Güterwagen zweckmäfsig genau nach dem Muster der Staatsbahnwagen mit einem Ladegewichte von 15 t = 300 Zentnern hergestellt. Wagen von 10 und $12\frac{1}{2}$ t Ladegewicht sind nur unwesentlich billiger. Der bei Kleinbahnen übliche Raddruck von 6 t wird bei den 15 t-Wagen noch nicht überschritten.

Bei den schmalspurigen Bahnen weisen die Wagen hinsichtlich ihrer Ladegewichte erhebliche Abweichungen von einander auf, je nach den in Betracht kommenden Bahn- und Verkehrsverhältnissen. Am meisten gebräuchlich sind Wagen von 5 t und von 10 t Ladegewicht. Erstere pflegen nach Art der gewöhnlichen Güterwagen mit zwei Achsen, letztere mit zwei zweiachsigen Drehgestellen ausgerüstet zu werden.

Bei den Stationsanlagen ist auf ausreichende Länge der Nebengleise, insbesondere der Ladegleise, Bedacht zu nehmen. Der Kostenaufwand ist erheblich geringer, wenn diese Anlagen von vornherein etwas reichlich bemessen werden, als wenn sie, wie es vielfach der Fall gewesen ist, sich schon im ersten Betriebsjahre als unzureichend erweisen und nachträglich erweitert werden müssen.

Die umstehende Skizze (Fig. 1) stellt eine für Zwischenstationen gebräuchliche Anlage dar.

Neben dem Hauptgleise ist ein an beiden Enden mittels Weichen angeschlossenes Ladegleis angelegt. Bei Stationen, auf denen Züge kreuzen sollen, ist aufserdem noch das punktiert angedeutete Kreuzungsgleis erforderlich.

Stationsanlagen.

Die Ladestrafse ist in einer Breite von mindestens 4 m zu befestigen, am zweckmäfsigsten durch Pflasterung. Bei stärkerem Verkehr empfiehlt es sich, für die Befestigung der Ladestrafse eine Breite von 5 bis 6 m vorzusehen.

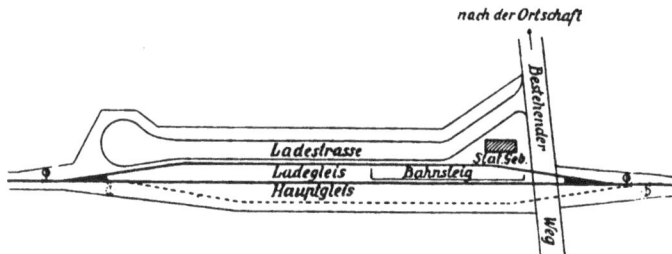

Fig. 1.

In der nachstehenden Skizze (Fig. 2) ist der Grundrifs eines einfachen Stationsgebäudes dargestellt, welches einen Warteraum für die Reisenden, einen Dienstraum für den Beamten oder Agenten und einen Raum für Stückgüter enthält. Bei geringem Verkehr kann die

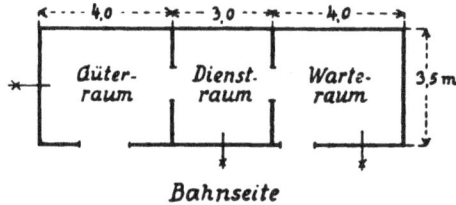

Fig. 2.

Aufbewahrung von Stückgütern auch im Dienstraum erfolgen und der besondere Güterraum fortfallen.

Finden die im vorstehenden erörterten Punkte schon bei der Aufstellung des allgemeinen Entwurfes gebührende Berücksichtigung, so ist Gewähr dafür geboten, dafs die auf Grund des Kostenüberschlages festgesetzte Bausumme sich zur vollständigen und soliden Herstellung der Bahn als ausreichend erweisen wird.

Die Ertragsberechnung soll über die beim Be- Ertragsbe-
rechnung. triebe der Bahn im Laufe eines Jahres zu erwartenden Einnahmen und Ausgaben Aufschluſs geben. Für die Veranschlagung der Einnahmen sind die Bestimmungen des M. E. vom 16. Dezember 1903 (Z. f. K. 1904, S. 54) zu beachten, sofern die Gewährung einer Staatsunterstützung nachgesucht werden soll.

Der Umfang des zu erwartenden Personenverkehrs ist von der Zahl der Einwohner des Bahngebietes abhängig. Die Anzahl der für den Bahnverkehr in Betracht kommenden Personen ist in einem Verzeichnis nachzuweisen, in dem die einzelnen an der neuen Bahn liegenden Ortschaften unter Angabe ihrer Einwohnerzahl und ihrer Entfernung von der nächsten Bahnstation aufzuführen sind. Die Zahl der auf einen Einwohner des Verkehrsgebietes im Laufe eines Betriebsjahres voraussichtlich entfallenden Reisen, sowie die aus einer Reise zu erwartende Einnahme sind schätzungsweise zu ermitteln, wobei die Entfernung der einzelnen Orte von der Bahn, die Nähe von Fabriken u. dgl., sowie ein etwaiger besonderer Verkehr (Arbeiter-, Touristen-, Vergnügungsverkehr usw.) gebührend zu berücksichtigen sind. Einen Anhalt für die Veranschlagung können die Ergebnisse gewähren, die auf gleichartigen, im Betriebe befindlichen benachbarten Kleinbahnen mit ähnlichen Verkehrs- und Erwerbsverhältnissen erzielt worden sind.

Zur Ermittelung der Einnahmen aus dem Güterverkehr sind Zusammenstellungen anzufertigen über den Umfang des vorhandenen Güterverkehrs auf Land- und Wasserstraſsen und bestehenden Bahnen, welcher voraussichtlich der neuen Bahnlinie zufallen wird, sowie über den Umfang des neuen Verkehrs, der infolge besserer Erschlieſsung des Bahngebietes, aus der Vergröſserung bestehender oder Begründung neuer gewerblicher Anlagen, aus dem gesteigerten Empfang und Versand land- und forstwirtschaftlicher Erzeugnisse u. dgl.,

mit genügender Bestimmtheit in den ersten Jahren nach
der Betriebseröffnung zu erwarten ist. Die hauptsächlich
in Frage kommenden Wagenladungsgüter sind nach ihren
Mengen und durchschnittlichen Transportlängen besonders
anzugeben.

Unter Zugrundelegung der in Aussicht genommenen
Tarifsätze für den Personen- und Güterverkehr sind die
zu erwartenden Betriebseinnahmen zu berechnen, wobei
die Wahl der Tarifsätze durch Darlegung der maßs-
gebenden wirtschaftlichen Verhältnisse zu begründen ist.

Betriebs-
ausgaben.   Zur Ermittelung der Betriebsausgaben ist ein
Betriebsplan aufzustellen, durch den die erforderliche
Zahl von Beamten, die Zahl der zu fahrenden Zugkilo-
meter usw. nachzuweisen sind. Die Betriebsausgaben
sind nach:

a) persönlichen Ausgaben,

b) allgemeinen sachlichen Ausgaben,

c) Kosten der Unterhaltung der Bahnanlagen,

d) Kosten des Bahntransports und der Unterhaltung
der Betriebsmittel,

e) Kosten für Benutzung fremder Bahnanlagen,
Betriebsmittel und Beamten

im einzelnen zu veranschlagen. Die Ergebnisse benachbarter Bahnen mit ähnlichen Betriebsverhältnissen können
auch hierbei einen Anhalt gewähren.

Rücklagen.   Die Höhe der erforderlichen Rücklagen in den
Erneuerungsfonds und den Spezialreservefonds ist nach
den Bestimmungen der Ausführungsanweisung zum Kleinbahngesetz vom 13. August 1898, zu § 11 (Z. f. K. 98,
S. 444) unter Berücksichtigung des Erlasses vom 9. Mai
1905 (Z. f. K. 1905, S. 435, 436) zu ermitteln und besonders nachzuweisen.

5. Beschaffung der Baugelder.

An der Aufbringung der Baugelder für die bislang
gebauten Kleinbahnen haben sich neben den eigentlichen
Bahninteressenten, zu denen aufser den Einwohnern der
im Bahngebiete liegenden Ortschaften insbesondere die
von der Bahn berührten politischen Kreise zu rechnen
sind, nicht nur der Staat und die einzelnen Provinzen,
sondern auch gewerbsmäfsige Bahnunternehmer mit beträchtlichen Kapitalien beteiligt. In solchem Falle pflegt
der Unternehmer zugleich die Ausführung des Baues,
meist gegen eine Pauschsumme, sowie die spätere Betriebsführung zu übernehmen (Generalunternehmer). Selbstverständlich wird sich ein Unternehmer nur dann beteiligen, wenn er auf eine auskömmliche Verzinsung für
das aufgewendete Kapital und aufserdem auf einen angemessenen Geschäftsgewinn rechnen kann. Der Geschäftsgewinn ergibt sich namentlich aus den bei der Bauausführung eintretenden Ersparnissen gegenüber dem in
solchen Fällen meist reichlich bemessenen Kosten-
anschlage.

Neuerdings hat der Bau von Kleinbahnen, bei denen
auf die finanzielle Mitwirkung von Generalunternehmern
verzichtet ist, bedeutende Fortschritte gemacht. Namentlich sind es Kommunalverbände, meist Kreise, seltener
Gemeinden, welche die erforderlichen Baugelder aufgebracht haben und selber als Kleinbahnunternehmer auf-
getreten sind. Gegenwärtig sind bereits etwa 3000 km
derartiger kommunaler Kleinbahnen vorhanden. Einige
Provinzen gehen auch dazu über, die obere Bau- und
Betriebsleitung der von ihnen unterstützten Kleinbahnen
zu übernehmen, um insbesondere die allgemeinen Ver-
waltungskosten herabzumindern.

Die Aufbringung der Baugelder wird vielfach durch Beihilfen
Beihilfen des Staates und der Provinzen er- des Staates
leichtert. Die Voraussetzungen, unter denen eine staat- Provinzen

liche Beihilfe gewährt werden kann, sind im wesentlichen folgende (vgl. M. E. vom 25. April 1895, Z. f. K.
1895, S. 277):

1. Die Bahn mufs dem öffentlichen Verkehrsinter-
esse entsprechen.
2. Die zu erwartenden Betriebseinnahmen sollen in
der Regel die Betriebsausgaben nicht nur decken,
sondern noch eine, wenn auch nur mäfsige Rente
für das Anlagekapital in Aussicht stellen.
3. Der Grund und Boden mufs von den zunächst
Beteiligten unentgeltlich hergegeben werden.
4. Die beteiligten Kommunalverbände (Kreise und
Provinzen) müssen das ihrige zur Aufbringung
der Baugelder getan haben.

Die Form der Beihilfe ist verschieden. Sie wird
meist gegen Beteiligung am Reingewinne gewährt, bei
Aktiengesellschaften durch Übernahme von Aktien, seltener in Gestalt eines Darlehens zu mäfsigem Zinsfufs,
und nur ganz ausnahmsweise durch einen Beitrag à fonds
perdu. Die Form einer Zins- oder Ertragsgarantie ist
ausgeschlossen.

Die Bedingungen, unter denen von den Provinzen
Beihilfen zum Bau von Kleinbahnen gewährt werden,
sind bei den einzelnen Provinzen verschieden. Das
Nähere ist aus den Veröffentlichungen der Zeitschrift für
Kleinbahnen

1894, S. 308 ff. 381 ff. 427 ff. 478 ff. 565 ff.,
1895, S. 303 ff. 361 ff., 1896, S. 301 ff. 353 ff.,
1897, S. 325 ff. 389 ff., 1898, S. 362 ff.,
1899, S. 357 ff.,   1900, S. 329,
1901, S. 401 ff. (Zusammenstellung aller
          gültigen Beschlüsse),
1902, S. 413,   1903, S. 339 ff.,
1904, S. 445,   1905, S. 473,
zu ersehen.

Dem Antrage auf Gewährung einer Beihilfe sind
die bei der Besprechung des allgemeinen Entwurfes erwähnten Unterlagen (Übersichtskarte, Kostenüberschlag,
Erläuterungsbericht, Ertragsberechnung) beizufügen. Für
die endgültige Bewilligung einer Staatsbeihilfe in bestimmter Höhe bedarf es nach dem M. E. vom 19. April
1902 (Z. f. K. 1902, S. 379 ff.) allerdings der Vorlage
eines ausführlichen Entwurfes, welcher der Ausführungsanweisung vom 13. August 1898 zu § 5 des Kleinbahngesetzes (Z. f. K. 1898, S. 435 ff.) entspricht. Jedoch
kann bereits durch Vorlage des aus den angeführten
Unterlagen bestehenden allgemeinen Entwurfes eine Entscheidung darüber herbeigeführt werden, ob für den Bau
einer Kleinbahn grundsätzlich auf die Gewährung einer
staatlichen Beihilfe gerechnet werden darf.

Es ist zunächst die Provinzialbeihilfe zu beantragen.
Erst wenn diese zugesichert ist, kann der Antrag bezüglich der Staatsbeihilfe gestellt werden. Letztere wird meist
in derselben Höhe wie die Provinzialbeihilfe gewährt.

Die eigentlichen Bahninteressenten haben beim Bau Leistungen
einer Kleinbahn, wie dies auch beim Bau staatlicher der Interes-
Nebenbahnen zur Bedingung gemacht wird, im allge- senten.
meinen zunächst die Verpflichtung zu übernehmen, den
zum Bahnbau erforderlichen G r u n d u n d B o d e n
k o s t e n f r e i herzugeben und die etwa erforderliche
Benutzung öffentlicher Wege für die Bahnanlage unentgeltlich zu gestatten. Aufserdem wird ihnen, falls sie
sich nicht etwa selber an der Aufbringung des Baukapitals durch Zeichnung von Aktien oder in ähnlicher
Weise beteiligt haben, meist noch die weitere Verpflichtung auferlegt werden müssen, durch Übernahme von
Z i n s g a r a n t i e n das Bahnunternehmen zu unterstützen,
so lange der Reinertrag eine auskömmliche Verzinsung
des Baukapitals nicht ermöglicht. Auch die Übernahme
von F r a c h t g a r a n t i e n für gröfsere Gütermengen ist
empfehlenswert und üblich.

Die Bahninteressenten werden sich im allgemeinen am besten dabei stehen, wenn sie die Baugelder selber aufbringen und die Beteiligung eines Unternehmers entbehren können. Die Interessenten sind dann in der Lage, unter geeigneter technischer Beihilfe die Bahn selbst zu bauen und zu betreiben. Die Baukosten werden geringer sein als beim Bau durch Unternehmer, und die Erträgnisse des Betriebes werden ihnen unverkürzt zugute kommen. Als die natürlichen Vertreter der Bahninteressenten erscheinen die Kreise in erster Linie berufen, den Bau von Kleinbahnen in die Hand zu nehmen und für die Aufbringung der Baugelder zu sorgen. Hierbei können besonders beteiligte Kommunalverbände zu Vorausleistungen herangezogen werden. Eine ausreichende Verzinsung der aufzunehmenden Baugelder vermögen die Kreise sich dadurch zu sichern, dafs sie den an der Bahn besonders beteiligten Gemeinden, Gütern usw. die Übernahme von Zinsgarantien auferlegen.

6. Rentabilität und Bauwürdigkeit von Kleinbahnen.

Verzinsung des Baukapitals. Kleinbahnen ergeben nur in seltenen Fällen eine lohnende Verzinsung für das aufgewendete Baukapital. Nach der allerdings nur unvollständig vorliegenden Statistik (Z. f. K. 1905, S. 215 f.) hat von den nebenbahnähnlichen Kleinbahnen in Preufsen nur eine geringe Zahl einen höheren Reingewinn als 3% auf das Anlagekapital erzielt, dagegen hat eine Reihe dieser Bahnen eine Verzinsung für das Baukapital nicht gebracht, sondern zur Deckung der Betriebskosten und zu Rücklagen Zuschüsse erfordert. Der bisherige Reinertrag wird im Durchschnitt auf etwa 1 bis $1\frac{1}{2}$% geschätzt werden können, bleibt also hinter dem landesüblichen Zinsfufse erheblich zurück. Die Statistik läfst allerdings eine allmähliche Besserung der Rentabilitätsverhältnisse der nebenbahnähnlichen Kleinbahnen erkennen. (S. 216, a. a. O.)

Die Bahninteressenten müssen, wenn sie eine Bahn aus eigenen Mitteln bauen, sich in der Regel mit einer mäfsigen Verzinsung der aufgewendeten Beträge begnügen, oder, wenn sie fremdes Kapital zu Hilfe ziehen, diesem eine auskömmliche Verzinsung gewährleisten. Fast immer werden also die Interessenten gezwungen sein, finanzielle Leistungen zu übernehmen, wenn sie ein Kleinbahnunternehmen zustande bringen und den wirtschaftlichen Nutzen desselben geniefsen wollen. Sind die Leistungen, die das Unternehmen den Interessenten auferlegt, geringer als der ihnen erwachsende Nutzen, so ist die Kleinbahn als bauwürdig zu bezeichnen.

Der wirtschaftliche Nutzen einer Klein- Wirtschaftlicher Nutzen. bahn wird sich allerdings selten zahlenmäfsig angeben lassen. Er beruht in erster Linie auf der durch die Bahn ermöglichten billigen und schnellen Beförderung von Gütern und Reisenden.

Ein Tonnenkilometer, d. h. die Beförderung von 1000 kg auf 1 km Entfernung, kostet auf der Landstrafse etwa 30 Pf., auf der Kleinbahn dagegen nur etwa 10 Pf. Diese Verbilligung hat eine Erweiterung des Absatzgebietes zur Folge, sie steigert den Güteraustausch, fördert das Entstehen gewerblicher Anlagen und ermöglicht die Nutzbarmachung von Naturschätzen (Kohlengruben, Steinbrüchen, Waldungen usw.), deren Ausbeutung vorher der hohen Transportkosten wegen gar nicht oder nur in geringem Mafse möglich war. Die Bahnbeförderung gestattet zudem eine wesentlich höhere Steigerung der Transportleistungen, als es bei Pferdebeförderung auf Strafsen möglich ist. Im Personenverkehre fällt aufser den geringeren Reisekosten die erzielte Zeitersparnis wesentlich ins Gewicht, welche vielfach die Ausführung einer Reise überhaupt erst ermöglicht.

Alle diese Vorteile kommen in einer allgemeinen Hebung der wirtschaftlichen Lage, in einer Steigerung des Bodenwertes und einer Erhöhung der Steuerkraft zum Ausdruck.

Durch die Anlage von Kleinbahnen vermindern sich zugleich die Kosten der Unterhaltung der Strafsen, da diese namentlich von dem schweren Massenverkehre entlastet werden.

Einen beträchtlichen Vorteil haben ferner die bestehenden Bahnen von dem Verkehre, den die Kleinbahnen ihnen zuführen.

Wenn es auch schwer ist, den wirtschaftlichen Nutzen von Kleinbahnen zahlenmäfsig festzustellen, und die hierüber angestellten Berechnungen unsicher sind, so lassen die vorliegenden Erfahrungen doch die Annahme als gerechtfertigt erscheinen, dafs der wirtschaftliche Nutzen einer Kleinbahn den Betrag der landesüblichen Verzinsung des Anlagekapitals in der Regel übersteigt, und dafs eine zweckmäfsig gebaute und betriebene Kleinbahn, bei der die Einnahmen die Ausgaben decken, im allgemeinen als bauwürdig gelten kann, auch wenn ein erheblicher Reingewinn zur Verzinsung des Anlagekapitals nicht verbleibt.

Zu ähnlicher Schlufsfolgerung gelangt auch ein Bericht der Kreiskleinbahnkommission über die Alsener Kreisbahnen (Z. f. K. 1903, S. 259 f.), welcher sich dahin ausspricht,

> »dafs die indirekten Vorteile, welche die Anlage »der Alsener Kreisbahn den Kreiseingesessenen »gebracht hat und durch welche deren Steuer-»kraft erhöht wird, weitaus die direkten Kosten »übersteigen, welche für die Verzinsung und »Tilgung der Bahnanleihe selbst dann dem Kreise »erwachsen würden, wenn gar kein Überschufs »erzielt würde.«

Zieht man in Betracht, daſs beim Bau von Straſsen alljährlich nicht nur die Zinsen des Baukapitals, sondern auch die nicht unbeträchtlichen Betriebskosten für die Unterhaltung usw. von den Beteiligten aufgebracht werden müssen, so erscheint es unbillig, wenn an eine Kleinbahn, wie dies vielfach geschieht, die Anforderung gestellt wird, daſs sie nicht nur die Betriebskosten decken, sondern auch noch eine lohnende Verzinsung für das Anlagekapital abwerfen soll. Solchen Anforderungen vermag eine Kleinbahn nur in seltenen Fällen zu entsprechen, meist wird sie der finanziellen Unterstützung durch die Beteiligten nicht entbehren können. Wenn also der Bau von Kleinbahnen weitere Fortschritte zum Nutzen der Beteiligten machen soll, so werden diese sich nach Kräften zur Übernahme der von ihnen zu fordernden Gegenleistungen bereit zeigen müssen.

7. Aufstellung des ausführlichen Entwurfes.

Wenn die Aufbringung der Baugelder gesichert und die Frage der Verzinsung des Baukapitals geregelt ist, kann an die Aufstellung des ausführlichen Entwurfes gegangen werden. Die Aufstellung kann erfolgen: *Verschiedene Arten der Entwurfsaufstellung.*

a) Durch einen zu diesem Zweck zu engagierenden Techniker, welcher dann in der Regel auch die Bauleitung und die Betriebsführung übernehmen wird.

b) Durch Privattechniker, Baufirmen, Baugesellschaften, welche sich mit der Aufstellung und Ausführung von Kleinbahnentwürfen befassen, auch die Betriebsführung übernehmen, ohne daſs sie sich jedoch an dem Unternehmen mit Kapital beteiligen.

c) Durch die bei einigen Provinzialverwaltungen (Hannover, Brandenburg, Westfalen) für den Bau und die Beaufsichtigung des Betriebes von Klein-

bahnen eingerichteten Abteilungen. Auch die
Provinz Sachsen hat Beamte zur Aufstellung von
Entwürfen und Übernahme der Bauleitung zur
Verfügung gestellt.

d) Durch Generalunternehmer, welche zugleich Bau-
und Betriebsverträge abschließen und sich auch
an der Aufbringung der Baugelder beteiligen.

Die sachgemäße Aufstellung und gründliche Durch-
arbeitung des Entwurfes ist für das spätere Gedeihen
einer Kleinbahn von größter Wichtigkeit. Fehler, die
bei der ersten Anlage gemacht werden, lassen sich später
oft nur mit großen Kosten oder überhaupt nicht wieder
beseitigen und bilden häufig die Ursache für ein un-
günstiges finanzielles Ergebnis des Unternehmens. Da
die Kleinbahninteressenten nicht in der Lage sind, einen
Entwurf auf seine technische Brauchbarkeit beurteilen
zu können, so werden sie mit besonderer Sorgfalt darauf
bedacht sein müssen, daß die Entwurfsbearbeitung in die
Hände zuverlässiger und sachverständiger Persönlichkeiten
gelegt wird. Dieser Gesichtspunkt muß bei der Ent-
schließung darüber, ob die Entwurfsbearbeitung usw. in
der einen oder anderen Weise vorgenommen werden soll,
in erster Linie maßgebend sein. Es ist eine irrige Annahme, daß für die Aufstellung von Kleinbahnentwürfen
ein geringeres technisches Können ausreichend sei als
für den Bau anderer Eisenbahnen und daß die Mitwirkung höherer Techniker, durch die beim Bau der
Staatsbahnen die Entwurfsbearbeitung stets bewirkt wird,
beim Kleinbahnbau eher entbehrt werden könne. Es ist
falsche Sparsamkeit, die Kosten der Entwurfsbearbeitung,
welche ohnehin nur einen verhältnismäßig geringen Teil
der Bausumme beanspruchen, durch Heranziehung minder-
wertiger technischer Kräfte einschränken zu wollen. Für
die Aufstellung eines Kleinbahnentwurfes ist ein im Eisen-
bahnwesen erfahrener höherer Techniker nicht zu entbehren.

Die für einen ausführlichen Bahnentwurf erforder- Erforderlichen technischen Unterlagen sind in den Bestim- liche
technische
mungen zu § 5 der Ausführungsanweisung vom 13. August Unterlagen.
1898 zum Kleinbahngesetze (Z. f. K. 1898, S. 435) angegeben.

Es sind im allgemeinen erforderlich:

a) eine Übersichtskarte,

b) Höhen- und Lagepläne sowie Pläne der Stationen,

c) eine Querschnittzeichnung des Unterbaues der
  Bahn, sowie der Umgrenzung des lichten Raumes
  und der Betriebsmittel,

d) eine Zeichnung des Oberbaues,

e) Zeichnungen der Betriebsmittel,

f) Zeichnungen für etwaige Kreuzungen mit Eisenbahnen und Anschlüsse an solche.

Ferner sind Verzeichnisse der Wege- und Vorflutanlagen sowie ein Kostenanschlag und Erläuterungsbericht anzufertigen.

Die Aufstellung der Sonderentwürfe für Brücken,
Durchlässe, Wegeüber-und Unterführungen ist zweckmäfsig
erst nach Beendigung des Planfeststellungsverfahrens vorzunehmen, wenn über die Abmessungen dieser Bauwerke
endgültige Festsetzungen getroffen sind.

Bei der Aufstellung des ausführlichen Entwurfs bedürfen die im nachstehenden erörterten Fragen, welche
auf die Gestaltung desselben von wesentlichem Einfluſs
sind, einer sorgfältigen Prüfung.

A. Die Wahl der Linienführung mit Rücksicht auf den Grunderwerb, insbesondere die Frage der Durchschneidung von Grundstücken.

Linien-
führung.

Wenn der Bahnbetrieb billig werden soll, sind un-
nötige Krümmungen und Steigungen in der Bahn zu
vermeiden. Die Bahn muſs möglichst geradlinig von Ort
zu Ort geführt werden. Der entwerfende Techniker wird

bei der Wahl der Linie selbstverständlich auf die Teilung
der Grundstücke Rücksicht nehmen und ungünstige Durch-
schneidungen vermeiden, soweit er es kann, ohne den
Anforderungen einer zweckmäfsigen Linienführung zuwider-
zuhandeln.

Ungünstige Grundstücksdurchschneidungen lassen
sich aber nicht immer vermeiden. In solchen Fällen
wird dann vielfach von den Grundbesitzern Einspruch
gegen die Linienführung erhoben und eine Änderung ver-
langt. Die gewünschte Änderung hat in der Regel die
Einlegung von Krümmungen, eine Verlängerung der
Bahn oder dgl., also eine Verschlechterung der Linienführung, zur Folge. Eine Verschlechterung der Linie
bleibt aber für alle Zeiten bestehen und macht sich dauernd
durch Erhöhung der Betriebskosten in dem Erträgnisse
der Bahn bemerkbar. Es ist deshalb fehlerhaft, wenn
Kleinbahnen, seien sie normalspurig oder schmalspurig,
lediglich um Grundstücksdurchschneidungen zu vermeiden,
durch ebenes Gelände in ständigen Krümmungen geführt
werden, wie dies vielfach geschehen ist. Jede Krümmung
steigert die Abnutzung des Oberbaues und der Betriebsmittel und erhöht die Kosten der Bahnunterhaltung und
der Zugförderung. Bei vielen Kleinbahnen ist das ungünstige finanzielle Ergebnis zum grofsen Teile auf die
unzweckmäfsige Linienführung zurückzuführen. Es mufs
deshalb dringend davor gewarnt werden, den Rücksichten
auf den Grunderwerb einen entscheidenden Einflufs auf
die Linienführung einzuräumen.

Mitbenut-
zung vor-
handener
Strafsen.

B. Die Mitbenutzung vorhandener Strafsen durch die Kleinbahn.

Eine solche Mitbenutzung ist zwar vielfach empfohlen
worden, sie ist aber nur in seltenen Fällen zweckmäfsig.
Sie bietet den Vorteil, dafs der Grunderwerb für einen
eigenen Bahnkörper fortfällt. Diesem Vorteile stehen
aber gewichtige Nachteile gegenüber. Der Strafsenverkehr

wird durch die Einschränkung der nutzbaren Strafsen-
breite beeinträchtigt. Seine Sicherheit wird durch den
Bahnbetrieb gefährdet, indem durch das Geräusch und
den Dampf der Lokomotiven leicht ein Scheuwerden der
Zugtiere herbeigeführt wird. Für die Kleinbahn selbst
ergeben sich namentlich folgende Nachteile:

a) Die Kleinbahn ist gezwungen, sich den Krümmungs-
und Gefällverhältnissen der vorhandenen Strafse
anzupassen. Es müssen deshalb für die Kleinbahn häufig stärkere Steigungen und Krümmungen
angewandt werden, als es bei Herstellung eines
eigenen Mahnkörpers der Fall sein würde. Auch
sind die bei Strafsen in gröfserer Zahl vorkommenden verlorenen Steigungen der Herstellung
einer für den Betrieb zweckmäfsigen Bahnanlage
hinderlich.

b) Die Betriebsmittel leiden unter der Einwirkung
des Strafsenstaubes, namentlich die Maschinen-
teile werden trotz des üblichen Schutzes durch
besondere Ummantelung frühzeitig zerstört.

c) Die zulässige Fahrgeschwindigkeit ist geringer
als bei der Herstellung eines eigenen Bahnkörpers.

d) Die Erlaubnis zur Strafsenbenutzung wird seitens
der Wegeeigentümer meist nur unter der Be-
dingung erteilt, dafs die Kleinbahn sich an den
Kosten der Befestigung, Unterhaltung und Rei-
nigung der Strafse beteiligt. Vielfach werden der
Kleinbahn auch noch Barabgaben und sonstige
Lasten auferlegt. Infolge dieser Auflagen stellen
sich nicht nur die Baukosten bei Benutzung von
Strafsen oft ebenso hoch oder gar höher als bei
Herstellung eines eigenen Bahnkörpers, sondern
es tritt auch noch eine Erhöhung der dauernden
Ausgaben ein.

Im allgemeinen hat sich die Mitbenutzung von Strafsen für die Anlage von Kleinbahnen nicht als vorteilhaft erwiesen. Die damit verbundenen Nachteile haben in einzelnen Fällen schon dazu geführt, dafs das Bahngleis nachträglich wieder aus der Strafse entfernt und ein eigener Bahnkörper angelegt worden ist.

Führung
der Bahn
durch Ort-
schaften.

C. Die Führung der Bahn durch Ortschaften.

Die Bahn soll zwar möglichst nahe an die Ortschaften herangeführt werden, damit die Stationen bequem zu erreichen sind, es wird sich aber in der Regel nicht empfehlen, eine Kleinbahn auf den vorhandenen Strafsen durch einen Ort hindurchzuführen, wie dies von den Interessenten zur Verminderung der Grunderwerbskosten oft gewünscht wird.

In dichtbebauten Ortschaften wird eine derartige Linienführung meist schon wegen Mangels an Raum für die Stationsanlagen, wie Ladegleise, Ladestrafsen usw., nicht angängig sein. Auch kann die etwa erforderliche Herstellung von Stützmauern, Entwässerungsanlagen, Einfriedigungen, die durch Erhöhung der Feuersgefahr bedingte Umdeckung von Gebäuden mit weicher Bedachung eine solche Steigerung der Baukosten zur Folge haben, dafs die Ersparnis an Grunderwerbskosten dem gegenüber nicht ins Gewicht fällt.

Namentlich wird aber in Betracht zu ziehen sein, dafs der Bahnbetrieb bei einer derartigen Linienführung mit erheblichen Gefahren für die Einwohner der Ortschaft, insbesondere für Kinder, verbunden ist. Fehlt den Bahnübergängen in der Ortschaft die Übersichtlichkeit, so kann die Anlage von verschliefsbaren Wegeschranken sich als notwendig erweisen, deren Bedienung die Betriebskosten erhöht. Die Einstellung eines Schrankenwärters erfordert einen jährlichen Aufwand von etwa 1000 M., entspricht also einer Erhöhung des Baukapitals um etwa 30000 M.

D. Die Anlage von Stichbahnen.

Kurze Stich- oder Zweigbahnen sind unbequem und kostspielig für den Betrieb. Soll eine abseits liegende Ortschaft an die Bahn angeschlossen werden, so ist es in der Regel zweckmäfsiger, die Bahn an die Ortschaft hinanzuführen und die Verlängerung der Linie mit in den Kauf zu nehmen, als eine Stichbahn von der Hauptlinie aus anzulegen. Für jede Stichbahn müssen besondere Betriebsanlagen (Lokomotivschuppen usw.) hergestellt, besondere Betriebsmittel beschafft und besonderes Personal eingestellt werden, die namentlich bei kurzen Stichbahnen meist nur ungenügend ausgenutzt werden können.

Eine Bahnlinie ohne Abzweigung läfst sich in der Regel mit einem zwischen den Endpunkten hin und her pendelnden Zuge betreiben (einfacher Pendelzugbetrieb), so dafs zwei Fahrpersonale für den Betrieb ausreichen. Jede noch so kurze Stichbahn macht die Einstellung von mindestens einem weiteren Zugpersonal erforderlich, was eine beträchtliche Erhöhung der Betriebskosten zur Folge hat.

E. Anschlufsbahnhöfe und Stationen.

Kleinbahnen sind tunlichst an vorhandene Eisenbahnstationen anzuschliefsen. Anschlüsse auf freier Strecke sind im allgemeinen nicht zweckmäfsig. Da einer auf freier Strecke anschliefsenden Kleinbahn die Mitbenutzung einer bestehenden Eisenbahn bis zum nächsten Bahnhofe nur in Ausnahmefällen gestattet wird, so mufs an der Anschlufsstelle meist ein neuer Bahnhof angelegt werden. Die Kosten der Anlage der neuen Eisenbahnstation und die durch Besetzung derselben erwachsenden Personalkosten werden in der Regel der Kleinbahn zur Last fallen und meist höher sein als beim Anschlusse an vorhandene Stationen.

Kleinbahnen in der Nachbarschaft größerer Städte müssen möglichst nahe selbständig an die Stadt hinangeführt werden, damit Reisende und Güter ohne Benutzung einer fremden Bahn bis unmittelbar an den Verkehrsmittelpunkt befördert werden können. Wird eine Kleinbahn in solchem Falle außerhalb der Stadt an eine fremde Bahn angeschlossen, so entstehen dadurch nicht nur Unbequemlichkeiten für den Verkehr, sondern die Kleinbahn gerät auch hinsichtlich ihres Fahrplanes und ihrer Tarife in eine unerwünschte Abhängigkeit von der Bahn, an die sie anschließt. Da den Kleinbahnen durchgehende Tarife im Verkehre mit den Eisenbahnen nicht gewährt, die Frachtsätze vielmehr durch Addition der Einzelsätze der Eisenbahn und der Kleinbahn gebildet werden, so stellen sich bei Transporten über eine Kleinbahn und eine Eisenbahn die Frachtsätze höher, als wenn nur die Kleinbahn benutzt wird, wenn auch in beiden Fällen die gesamte Transportweite die gleiche ist. Allerdings ist für den Verkehr zwischen Kleinbahnen und der Staatsbahn zugestanden worden, daß im Übergangsverkehr von und nach Kleinbahnen die Staatsbahnfracht ermäßigt wird (M. E. vom 14. Juli 1904, Z. f. K. 1904. S. 538).

Bei Kleinbahnen wird in der Regel, auch bei geringerer Entfernung der Ortschaften, für jede berührte Ortschaft eine eigene Bahnstation, und zwar möglichst nahe am Orte, anzulegen sein. Die Rücksichten, welche bei den Eisenbahnen, insbesondere bei den Hauptbahnen, eine Einschränkung der Zahl der Stationen bedingen, kommen bei Kleinbahnen nicht in Betracht.

Allgemeine Grundsätze. Im allgemeinen muß davor gewarnt werden, falsche Sparsamkeit zu üben. Auch für Kleinbahnen gilt der Grundsatz, daß diejenige Bahnanlage die wirtschaftlich zweckmäßigste ist, für welche die Zinsen der Anlagekosten und die Betriebskosten zusammengerechnet den niedrigsten Betrag ergeben. Man hat in den ersten

Jahren des Kleinbahnwesens dem Bestreben, billig zu
bauen, vielfach eine zu hohe Bedeutung beigelegt und
darüber aufser, acht gelassen, dafs die Betriebskosten
sich infolge zu billigen Baues wesentlich steigern. Gegenwärtig ist man aber wohl schon ziemlich allgemein zu
der Überzeugung gelangt, dafs auch bei Kleinbahnen
eine solide, wenn auch teurere Ausführung für das wirtschaftliche Ergebnis am vorteilhaftesten ist. Jeder unnütze
Aufwand ist selbstverständlich zu vermeiden, vielmehr
möglichste Einfachheit der Ausführung anzustreben.

8. Prüfung und Genehmigung des Entwurfes durch die Aufsichtsbehörde.

Der ausführliche Entwurf ist der Genehmigungs- Einholung
behörde, d. h. dem zuständigen Regierungspräsidenten, zur der Ge-
Erteilung der Genehmigung vorzulegen. Dieser prüft nehmigung.
unter Mitwirkung der vom Minister der öffentlichen Arbeiten bestimmten Eisenbahndirektion den Entwurf und
erteilt, wenn derselbe den gesetzlichen Anforderungen
genügt, dem Bahnunternehmer die Genehmigung zum
Bau und Betrieb der Kleinbahn. Die Genehmigung
wird entweder auf unbeschränkte oder beschränkte Zeit-
dauer erteilt.

Die vom Regierungpräsidenten auszufertigende Ge- Genehmi-
nehmigungsurkunde enthält Bestimmungen über Fahr- gungs-
geschwindigkeit, Fahrplan, Beförderungspreise, Pflichten urkunde.
im Interesse der Landesverteidigung, der Post- und Tele-
graphenverwaltung usw. Durch ministerielle Anordnung
ist es empfohlen, den Entwurf zur Genehmigungsurkunde
dem Bahnunternehmer zur Äußerung zuzustellen, damit
derselbe Gelegenheit hat, etwaige Einsprüche rechtzeitig
geltend zu machen.

Nach Erteilung der Genehmigung erfolgt regelmäßig Fest-
die Feststellung des Bauplanes. Sofern in einzelnen stellung des
Bauplanes.

3*

Fällen Zweckmäfsigkeitsgründe gegen dieses Verfahren sprechen, die Erteilung der Genehmigung nicht von vornherein bedenklich erscheint und der Unternehmer nicht widerspricht, können die Genehmigungsbehörden die Planfeststellung der Genehmigung vorangehen lassen oder die erstere gleichzeitig mit der Vorbereitung der Genehmigung vornehmen. Der Baubeginn darf erst gestattet werden, wenn Genehmigung und Planfeststellung, gleichgültig in welcher Reihenfolge, stattgefunden haben.

Auslegen der Baupläne. Für die Planfeststellung werden die Baupläne in den von der Bahnlinie berührten Gemeinde- und Gutsbezirken 14 Tage lang öffentlich ausgelegt. Die Auslegung wird auf Anordnung des Regierungspräsidenten durch die zuständigen Landratsämter veranlafst. Umfafst ein Plan mehrere Gemeinde- oder Gutsbezirke, so werden in den Bezirken, wo der Urplan nicht ausgelegt werden kann, Abzeichnungen ausgelegt. Auszüge aus den Verzeichnissen der Wege- und Vorflutanlagen werden für jeden Guts- und Gemeindebezirk gesondert aufgestellt und mit den Plänen ausgelegt.

Einsprüche der Beteiligten. Die Beteiligten können im Umfange ihres Interesses Einsprüche gegen die Pläne schriftlich oder mündlich zu Protokoll bei den durch Bekanntmachung bezeichneten Stellen (Guts- oder Gemeindevorständen) vorbringen. Letztere haben nach beendigter Auslegung die Pläne und Auszüge mit einem Vermerke über die erfolgte Auslegung zu versehen und dieselben nebst den erhobenen Einwendungen dem zuständigen Landratsamte wieder einzureichen, welches die gesamten Unterlagen an den Regierungspräsidenten zurückgibt.

Dieser übergibt dem Bahnunternehmer ein Verzeichnis der erhobenen Einwendungen zur Äufserung und beraumt einen Termin für die landespolizeiliche und eisenbahntechnische Prüfung des Entwurfes an. Bei diesem, von den Vertretern des Regierungspräsidenten und der zuständigen Eisenbahndirektion in der Regel an

Ort und Stelle abgehaltenen Termine werden die erhobenen Einwendungen unter Zuziehung der Beteiligten
erörtert. Über das Ergebnis wird eine Verhandlung aufgenommen, auf Grund deren die Aufsichtsbehörde wegen
der mit Rücksicht auf die erhobenen Einwendungen etwa
noch vorzunehmenden Planänderungen Bestimmung trifft.
Die Pläne werden nach Eintragung der Änderungen nun-
mehr festgestellt und dem Bahnunternehmer zurückge-
geben. Gegen die im Planfeststellungsverfahren getroffenen
Beschlüsse und Verfügungen der Aufsichtsbehörde steht
den Beteiligten innerhalb zwei Wochen Beschwerde an
den Minister der öffentlichen Arbeiten zu. Nach Erteilung
der Genehmigung und endgültiger Feststellung des Bauplanes kann mit den Bauarbeiten begonnen werden.

9. Die Bauausführung.

Der Bau einer Kleinbahn kann in eigener Verwaltung
oder unter Zuhülfenahme eines Generalunternehmers ausgeführt werden.

Für den Bau in eigener Verwaltung wird ent- *Bau in eigener Ver-
weder ein geeigneter Techniker engagiert, welcher dann waltung.*
auch die Entwürfe aufstellen und später die Betriebsführung
übernehmen kann, oder es werden die gesamten Entwurfs-
und Bauleitungsarbeiten an Privattechniker, Baufirmen
oder Baugesellschaften gegen eine Vergütung übertragen,
die nach den üblichen Honorarnormen für technische
Arbeiten oder nach einem zu vereinbarenden Prozent-
satze der tatsächlichen Baukosten berechnet wird. Die
eigentlichen Bauarbeiten und Lieferungen (Erdarbeiten,
Oberbauarbeiten, Lieferung der Oberbaumaterialien, der
Betriebsmittel, Herstellung der Brücken, Hochbauten,
Pflasterungen usw.) werden für Rechnung des Bahneigentümers einzeln verdungen und auf Grund öffentlicher oder beschränkter Ausschreibung unmittelbar den

betreffenden Handwerkern und Lieferanten übertragen. Dieses Verfahren, bei gröfseren Bauausführungen die einzelnen Arbeiten und Lieferungen getrennt zu vergeben, so dafs die verschiedenen Handwerker und Lieferanten sich ohne Zuhülfenahme von Zwischenpersonen am Wettbewerbe beteiligen können, hat sich als das wirtschaftlich zweckmäfsigste erwiesen und ist auch bei Staats- und Kommunalbauten allgemein üblich.

Bau mit Hilfe eines General- unter- nehmers. Wird der Bau einer Kleinbahn mit Hülfe eines Generalunternehmers ausgeführt, so übernimmt dieser die Herstellung der vollständigen Bahnanlage mit allen zugehörigen Lieferungen gegen eine Pauschsumme. Der Unternehmer stellt für den Bau der Bahn einen Kostenanschlag auf, welcher die Grundlage für die Festsetzung der ihm zu zahlenden Pauschvergütung bildet. Die Preise dieses Anschlages müssen naturgemäfs so bemessen sein, dafs sie auch für den Fall etwa eintretender Preissteigerungen es dem Unternehmer ermöglichen, den Bau für die bedungene Summe auszuführen und sich aufserdem einen angemessenen Gewinn zu sichern. Hat der Unternehmer, wie es häufig der Fall ist, sich mit eigenem Kapital an der Aufbringung der Baugelder beteiligen müssen, so wird er, entsprechend dem dabei übernommenen Risiko, auch mit einem noch höheren Baugewinn rechnen und die Preise des Anschlages danach bemessen müssen. Die Baukosten werden sich also bei Vergebung des Baues gegen eine Pauschsumme in der Regel höher stellen als beim Bau in eigener Verwaltung.

In der ersten Zeit des Kleinbahnbaues, wo Erfahrungen über die zweckmäfsigste Art der Bauausführung von Kleinbahnen noch nicht vorlagen, ist der Bau meist einem Generalunternehmer gegen eine Pauschsumme übertragen worden. Vielfach geschah dies mit Rücksicht darauf, dafs durch die Beteiligung des Unternehmers an der Aufbringung der Baugelder die Geldbeschaffung erleichtert wurde. Namentlich ließ aber auch der Umstand, daß es hierbei nur der Aufstellung eines einzigen Vertrages bedarf, auf Grund dessen der Unternehmer die betriebsfertige Herstellung der Bahn übernimmt, dem Bahneigentümer dieses Verfahren als das einfachste und bequemste erscheinen. Der Bahneigentümer war der Sorge um die Wahl eines geeigneten Bauleiters überhoben und brauchte sich um die Vergebung der einzelnen Arbeiten und Lieferungen nicht zu kümmern. Er hatte sich bei Übernahme der fertigen Bahn nur Überzeugung davon zu verschaffen, daß die Ausführung den vertraglichen Festsetzungen entsprach.

Außerdem wurde es als ein besonderer Vorzug dieses Verfahrens angesehen, daß durch die Vereinbarung einer festen Pauschsumme für die gesamte Bauausführung eine Gewähr für die Einhaltung der veranschlagten Bausumme geboten sei. Diese Annahme hat sich jedoch nicht immer als zutreffend erwiesen. Beim Bau von Kleinbahnen stellen sich oft, z. B. infolge nachträglich vorgebrachter Wünsche der Beteiligten, infolge unvorhergesehener landespolizeilicher Anforderungen und aus mancherlei anderen Gründen, noch während der Bauausführung Änderungen des Entwurfes als wünschenswert und zweckmäßig heraus, die beim Abschlusse des Vertrages mit dem Unternehmer nicht berücksichtigt werden konnten. Derartige Entwurfsänderungen haben meist Nachforderungen des Unternehmers zur Folge und sind nicht selten Anlaß gewesen, daß trotz Vereinbarung einer festen Pauschsumme der ursprüngliche Kostenanschlag überschritten worden ist.

In den letzten Jahren hat das Verfahren, Kleinbahnen in eigener Verwaltung zu bauen, in steigendem Maße Anwendung gefunden, da einerseits durch die Beihilfen des Staates und der Provinzen dem Bahneigentümer die Aufbringung der Baugelder wesentlich erleichtert wird, so daß auf die Unterstützung durch Unternehmer eher verzichtet werden kann, und da anderseits die vor-

liegenden Erfahrungen erkennen lassen, daſs der Bau in
eigener Verwaltung in der Regel die geringsten Auf-
wendungen erfordert. Unter Umständen würden sich
noch weitere Ersparnisse erzielen lassen, wenn die obere
Bauleitung, wie dies schon mehrfach geschieht, in der
Hand der Provinzen vereinigt wird.

10. Das Enteignungsverfahren.

Wenn das für den Bau einer Kleinbahn nötige
Gelände nicht im Wege freier Vereinbarung zu erlangen
ist, so muſs das Enteignungsverfahren durchgeführt
werden. Für Preuſsen ist das Gesetz über die Enteignung
von Grundeigentum vom 11. Juni 1874 maſsgebend.
Wegen einiger Änderungen in der Zuständigkeit und in
den Rechtsmitteln ist § 150 des Zuständigkeitsgesetzes
vom 1. August 1883 zu vergleichen.

Das Enteignungsverfahren ist weitläufig und zeitraubend. Es ist deshalb in allen Fällen die freihändige
Erwerbung des Bahngeländes anzustreben und die Enteignung tunlichst zu vermeiden.

I. Verleihung des Enteignungsrechtes.

Verleihung
des Ent-
eignungs-
rechtes.

Das Enteignungsrecht wird dem Bahnunternehmer,
falls die Voraussetzungen des § 1 des Gesetzes vom
11. Juni 1874 vorliegen, durch Königliche Verordnung verliehen. Der Antrag auf Verleihung dieses Rechtes ist
an den Regierungspräsidenten zu richten. Nähere Bestimmungen über die Begründung des Antrages usw. sind
durch den M.E. vom 24. August 1900 (Z. f. K. 1900,
S. 630) getroffen. Der Antrag soll erst nach Erteilung
der Genehmigungsurkunde für den Bau der Kleinbahn
und spätestens vor Vollendung der Bauausführung gestellt
werden. Als Grund für die Notwendigkeit der Verleihung

des Enteignungsrechtes soll im allgemeinen nur der erfolglose Versuch freihändiger Erwerbung gelten.

Es empfiehlt sich, sogleich nach Aufstellung des Bauplanes und Feststellung des Geländebedarfs in die Verhandlungen mit den Grundeigentümen einzutreten, wobei seitens des Bahneigentümers oder der zur Geländeabtretung verpflichteten Gemeinden usw. geeignete Sachverständige zuzuziehen sind. Kommt eine Einigung über die zu zahlende Entschädigung nicht überall zustande, so ist sofort nach Eingang der Genehmigungsurkunde bzw. nach Gründung einer etwa in Frage kommenden Aktien- oder ähnlichen Gesellschaft der Antrag auf Verleihung des Enteignungsrechtes zu stellen. In dem Antrage ist die Höhe der von den Eigentümern geforderten und der von den Sachverständigen geschätzten Entschädigung anzugeben. Es bedarf nicht etwa einer vollständigen Angabe sämtlicher Grundstücke, für welche die Enteignung in Frage kommt. Es würde zur Begründung des Antrages bereits genügen, wenn der Nachweis einer unbilligen Entschädigungsforderung nur bezüglich eines einzigen Grundstückes geführt wird.

Im Antrage sind die für das Zustandekommen der Kleinbahn sprechenden Gründe des öffentlichen Wohles darzulegen. Über Länge und Führung der Linie, Zweckbestimmung (Personen-, Güterverkehr), Spurweite, Betriebsart und Finanzierung sind nähere Mitteilungen zu machen. Werden die Baugelder durch einen Kommunalverband mittels Anleihe aufgebracht, so ist Abschrift der vom Bezirksausschusse erteilten Genehmigung beizufügen. Eine Übersichtskarte in Aktenformat (Maßstab 1 : 100000), auf der die Kleinbahn durch eine rote Linie dargestellt ist, ist dem Antrage beizugeben.

Bisweilen ist die Verleihung des Enteignungsrechtes behufs Feststellung von Grunderwerbs-Entschädigungen nach den Bestimmungen dieses Gesetzes erst nach bereits erfolgter Inbetriebnahme von Kleinbahnen beantragt worden. Eine derartige nachträgliche Verleihung des Enteignungsrechtes ist im allgemeinen nicht zulässig.

II. Feststellung des Planes.

Sobald die königliche Verordnung ergangen ist, durch welche das Enteignungsrecht verliehen wird, kann der Bahneigentümer bei dem Regierungspräsidenten den Antrag auf Feststellung der Pläne für die Enteignung stellen. Dem Antrage sind für jeden Gemeinde- oder Gutsbezirk beizugeben:

1. Die genehmigten Baupläne (Höhen- und Lagepläne) der Kleinbahn oder Abzeichnungen derselben nebst Beilagen, aus denen die zu enteignenden Grundstücksflächen und die nach § 14 des Enteignungsgesetzes herzustellenden Anlagen zu ersehen sind.

2. Auszüge aus den Verzeichnissen der Wege- und Vorflutanlagen, soweit sie für die zu enteignenden Grundstücke in Betracht kommen.

3. Eine Nachweisung der zu enteignenden Flächen mit genauer Angabe ihrer Größe und der Eigentümer.

4. Für jedes Grundstück ein Auszug aus den vorläufigen Fortschreibungsmaterialien.

Zur Anfertigung der unter 3. und 4. angegebenen Materialien müssen die Bahngrenzen auf den betreffenden Grundstücken durch Pfähle oder Grenzsteine bezeichnet und die Flächen durch einen vereideten Landmesser aufgemessen werden. Zufolge der dem Bahnunternehmer zur Ausführung von Vorarbeiten gemäß § 5 des Enteignungsgesetzes erteilten Erlaubnis sind die Eigentümer verpflichtet, die Vornahme dieser Absteckungen und Messungen auf ihren Grundstücken zu gestatten. Die Messungsunterlagen werden dem Katasteramte vorgelegt. Dieses bescheinigt die Richtigkeit und erteilt die unter 4. genannten Auszüge.

Behufs Feststellung des Planes für die Enteignung
wiederholt sich alsdann das bei Genehmigung des Bauplanes (vgl. Abschnitt 8) bereits stattgehabte Verfahren.
Wenn die Notwendigkeit der Durchführung des Enteignungsverfahrens von vornherein feststeht, so kann die
im Kleinbahngesetz vorgeschriebene Planfeststellung fortfallen und durch das Planfeststellungsverfahren bei der
Enteignung ersetzt werden. (Vgl. M. E. vom 19. April
1904, Z. f. K. 1904, S. 330.)

Auf Anordnung des Regierungspräsidenten werden
die Pläne nebst Beilagen und den Auszügen aus den
Verzeichnissen der Wege- und Vorflutanlagen wiederum
während 14 Tagen in den betreffenden Gemeinde- oder
Gutsbezirken ausgelegt. Während dieser Zeit können
die Beteiligten ihre Einwendungen gegen den Plan
schriftlich oder mündlich anbringen. Nach beendigter
Planauslegung werden die Einwendungen gegen den Plan
vor dem von dem Regierungspräsidenten ernannten Enteignungskommissar erörtert. Zu diesem Termin, der
nötigenfalls an Ort und Stelle stattfindet, sind der Bahnunternehmer und die Beteiligten zu laden. Die Verhandlungen haben sich auf die Entschädigungsfrage nicht zu
erstrecken.

Der Enteignungskommissar legt die Verhandlungen
dem Bezirksausschuß vor. Dieser entscheidet über die
erhobenen Einwendungen und stellt durch den sog. Planfeststellungsbeschluß fest:

1. den Gegenstand der Enteignung, die Größe und
   Grenze des abzutretenden Grundbesitzes, die
   Zeit innerhalb deren vom Enteignungsrechte Ge-
   brauch zu machen ist,
2. die Anlagen, deren Errichtung und Unterhaltung
   dem Bahnunternehmer obliegt (§ 14 des Enteignungsgesetzes).

Gegen den Planfeststellungsbeschluß kann innerhalb zwei Wochen nach Zustellung von den Beteiligten

Beschwerde bei dem Minister der öffentlichen Arbeiten eingelegt werden. In diesem Falle trifft der Minister endgültige Entscheidung über die Feststellung des Planes.

III. Feststellung der Entschädigung.

Nach endgültiger Planfeststellung wird auf schriftlichen Antrag des Bahnunternehmers in das Verfahren zur Feststellung der Entschädigung eingetreten. Der an den Regierungspräsidenten zu richtende Antrag muſs die zu enteignenden Grundstücke und deren Eigentümer genau bezeichnen. Zum Nachweis der Rechte an den zu enteignenden Grundstücken ist ein beglaubigter Auszug aus dem Grundbuche beizufügen.

Es empfiehlt sich, gleichzeitig zu beantragen, daſs die Enteignung als dringlich anerkannt wird. Die Vollziehung der Enteignung läſst sich dann beschleunigen, da der Bezirksausschuſs in dringlichen Fällen anordnen kann, daſs die Enteignung, sobald die Zahlung oder Hinterlegung der festgestellten Entschädigungs- oder Kautionssumme erfolgt ist, noch vor der Erledigung des Rechtsweges gegen den Entschädigungsfeststellungsbeschluſs erfolgen soll. Bei Bahnbauten wird die Dringlichkeit in der Regel ohne weiteres anerkannt.

Zur Abschätzung der Entschädigung wird zunächst, nötigenfalls an Ort und Stelle, ein Termin durch den Enteignungskommissar des Regierungspräsidenten anberaumt. Zu diesem Termine werden der Bahnunternehmer und die Grundeigentümer mit den Nebenberechtigten vorgeladen und Sachverständige zugezogen. Die Ernennung der Sachverständigen erfolgt im allgemeinen durch den Regierungspräsidenten, doch steht auch den Beteiligten das Recht zu, sich vor dem Abschätzungstermine über Sachverständige zu einigen. Die Sachverständigen geben ihr Gutachten entweder im Abschätzungstermine mündlich zu Protokoll oder reichen es nach demselben schriftlich ein. Den Beteiligten ist Gelegenheit zu geben, sich über das Gutachten des Sachverständigen auszusprechen.

Auf Grund dieses Gutachtens stellt der Bezirksausschufs die Entschädigung für jeden Eigentümer und Nebenberechtigten fest und beschliefst gleichzeitig, ob die Enteignung als dringlich anzuerkennen ist. Den Beteiligten steht das Recht zu, gegen den die Dringlichkeit aussprechenden Beschlufs innerhalb drei Tagen nach Zustellung Beschwerde bei dem Minister der öffentlichen Arbeiten zu erheben, dessen Entscheidung endgültig ist.

Gegen die Feststellung der Entschädigung steht dem Bahnunternehmer, wie auch den übrigen Beteiligten innerhalb sechs Monaten nach Zustellung des Beschlusses die Beschreitung des Rechtsweges offen.

IV. Vollziehung der Enteignung.

Sobald der Dringlichkeitsbeschlufs Rechtskraft erlangt hat und die festgestellte Entschädigungs- oder Kautionssumme gezahlt oder hinterlegt ist, wird auf Antrag des Bahnunternehmers die Enteignung der Grundstücke vom Bezirksausschufs ausgesprochen. Liegt ein Dringlichkeitsbeschlufs nicht vor, so kann dies erst erfolgen, wenn der bezüglich der Entschädigungsfeststellung vorbehaltene Rechtsweg dem Unternehmer gegenüber durch Verzicht, Ablauf der sechsmonatigen Frist oder rechtskräftiges Urteil erledigt ist. Durch die Enteignungserklärung gelangt der Bahnunternehmer, insofern nicht ein anderes darin vorbehalten wird, in den Besitz der enteigneten Grundstücke. Das Eigentum dieser Grundstücke geht mit Zustellung des Enteignungsbeschlusses an Eigentümer und Unternehmer auf letzteren über. Die Umschreibung im Grundbuche erfolgt auf Ersuchen der Enteignungsbehörde (§§ 33, 44 des Gesetzes vom 11. Juni 1874).

Vollziehung der Enteignung.

Über die zur Beschleunigung des Enteig-

Mafs-
nahmen zur
Beschleuni-
gung des
Verfahrens.

Über die zur Beschleunigung des Enteignungsverfahrens dienlichen Mafsnahmen ist durch
die M. E. vom 4. Juni 1894 (Z. f. K. 94, S. 422 ff.) und
20. Mai 1899 (Z. f. K. 99, S. 378 ff.) Anweisung gegeben.
Immerhin bleibt das Enteignungsverfahren umständlich
und zeitraubend. Um die damit verbundenen Zeitver-
luste zu vermeiden, mufs, wie schon erwähnt — vgl. S. 40 —,
in erster Linie stets die freihändige Erwerbung des
Bahngeländes angestrebt werden. Wo dieses sich nicht
erreichen läfst, weil mit den Grundeigentümern eine
Einigung über die Höhe der zu zahlenden Entschädigung
nicht zu erzielen ist, steht dem Bahnunternehmer noch
die Möglichkeit offen, sich auf Grund der Bestimmungen
in § 16 und 26 des Enteignungsgesetzes mit den Eigentümern wenigstens über die sofortige Geländeüberlassung
zu einigen und bezüglich der Entschädigung und der
Rechte Dritter zu vereinbaren, dafs ihre Feststellung
nachträglich nach den Bestimmungen des Enteignungsgesetzes erfolgen soll.

Die Einigung über die Geländeüberlassung kann
dabei eine endgültige oder eine vorläufige sein.

Im ersteren Falle der sofortigen Eigentumsabtretung
mufs der Grundeigentümer sich damit einverstanden
erklären, dafs diejenigen Teile seines Eigentumes, welche
nach Mafsgabe des ihm bekannten, landespolizeilich ge-
prüften und von der Aufsichtsbehörde genehmigten Planes
zur Bahnanlage erforderlich sind, den Gegenstand der Abtretung des Eigentums derart bilden sollen, dafs es der
Durchführung des Planfeststellungsverfahrens gemäfs § 18
bis 22 des Enteignungsgesetzes nicht mehr bedarf. Die er-
neute Planfeststellung kommt alsdann in Fortfall, und es
wird nur das im Enteignungsgesetze vorgeschriebene Verfahren zur Feststellung der Entschädigung durchgeführt.

Findet nur eine vorläufige Einigung über die Besitz-
überlassung statt, indem der Grundeigentümer zwar die
Bauerlaubnis erteilt, d. h. die Bauausführung auf seinem

Grundstück gestattet, die Durchführung des förmlichen Enteignungsverfahrens aber vorbehalten bleibt, so muß das vollständige Verfahren zur Feststellung des Planes, der Entschädigung und zur Vollziehung der Enteignung nach den Bestimmungen des Enteignungsgesetzes durchgeführt werden.

Das Zustandekommen einer Einigung über die Abtretung des Bahngeländes wird erleichtert, wenn der Bahnunternehmer in den Fällen, in denen die Regelung der Rechte Dritter keine Schwierigkeiten bereitet, sich verpflichtet, die Grundentschädigung in der von ihm anerkannten Höhe bereits bei der Besitzübertragung dem Eigentümer auszuzahlen.

11. Abnahme der Bahn, Grenzversteinung und Schlußvermessung.

Ist der Bau beendet und die Bahn zur Inbetriebnahme fertiggestellt, so beantragt der Bahnunternehmer bei der Aufsichtsbehörde die landespolizeiliche und eisenbahntechnische Abnahme. Der Regierungspräsident setzt nach Benehmen mit der zuständigen Eisenbahndirektion für die Abnahme einen Termin fest, zu dem außer den unmittelbar Beteiligten die Vertreter der in Betracht kommenden Stadt- und Landkreise, der Amts-, Guts- und Gemeindebezirke, sowie sonstiger Behörden geladen werden. Bei der Abnahme wird die Bahnstrecke in einem vom Bauunternehmer zu stellenden Sonderzuge bereist. Die Vertreter der Aufsichtsbehörde prüfen, ob die Ausführung der Bahn dem genehmigten Bauplane entspricht und den Anforderungen der Betriebssicherheit genügt. Etwaige geringfügige Abweichungen vom Bauplane, die sich bei der Ausführung als erforderlich erwiesen haben, werden vom Bahnunternehmer zur Sprache gebracht und von den Vertretern der Aufsichtsbehörde auf

Abnahme der Bahn.

ihre Zulässigkeit geprüft. Anträge der Beteiligten, welche
meist die infolge des Bahnbaues eingetretenen Veränderungen der Wege und Vorflutanlagen betreffen, werden
entgegengenommen und nötigenfalls an Ort und Stelle
erörtert. Zu diesem Zwecke hält der Zug nach Bedarf
an den Stellen, wo die Beteiligten warten.

Nieder-
schrift über
die
Abnahme. Das Ergebnis der Abnahme und der dabei gepflogenen
Verhandlungen wird niedergeschrieben. In dieser Nieder-
schrift werden die von den Beteiligten gestellten Anträge
einzeln aufgeführt und die von den Vertretern der Aufsichtsbehörde dazu eingenommene Stellung zum Ausdruck
gebracht. Die bei der Abnahme etwa vorgefundenen
Mängel der Bahnanlage und die zu ihrer Beseitigung
erforderlichen Maßnahmen werden aufgeführt, und es
wird zugleich von den Vertretern der Regierung und der
Eisenbahndirektion eine Erklärung darüber abgegeben,
ob gegen die Inbetriebnahme der Kleinbahn Bedenken
vorliegen.

Genehmi-
gung der
Inbetrieb-
nahme. Auf Grund des bei der Abnahme festgestellten Be-
fundes trifft die Aufsichtsbehörde endgültige Bestimmung,
ob die Bahn in Betrieb genommen werden kann, und
entscheidet über die von den Beteiligten gestellten
Anträge.

Prüfung der
Bauausfüh-
rung durch
den Bahn-
eigentümer. Die Abnahme einer Kleinbahn durch die Aufsichtsbehörde beschränkt sich nach den Vorschriften des Klein-
bahngesetzes im wesentlichen auf die Prüfung, ob die
Genehmigungs- und Planfeststellungsbedingungen erfüllt
sind, die Bahn und ihre Betriebsmittel sich in betriebs-
sicherem Zustande befinden und bei den vorgenommenen
Veränderungen der Wege- und Vorflutanlagen die In-
teressen der Beteiligten gewahrt sind. Der Bahneigentümer muß deshalb, wenn er die Bahn nicht in eigener
Verwaltung gebaut, sondern durch einen Generalunternehmer hat ausführen lassen, seinerseits noch durch eine
eingehende besondere Prüfung feststellen, ob die Ausführung den getroffenen vertraglichen Festsetzungen in

allen Punkten entspricht. Die durch die Aufsichtsbehörde nach Mafsgabe des Kleinbahngesetzes vorgenommene Abnahme bietet hierfür keinen genügenden Anhalt.

Es empfiehlt sich, diese besondere Prüfung durch einen unparteiischen technischen Sachverständigen vornehmen zu lassen. Sie hat sich namentlich darauf zu erstrecken, ob nicht durch Einlegen stärkerer Neigungen oder verlorener Gefälle im Interesse einer Ersparnis an Erdarbeiten das vorgeschriebene Längenprofil der Bahn verschlechtert worden ist, ob die Gleisanlagen, die Pflasterungen und Hochbauten in dem vorgeschriebenen Umfange zur Ausführung gekommen sind und ob die Beschaffenheit der verwendeten Materialien den vertraglichen Abmachungen entspricht. Werden bei dieser Prüfung unzulässige Abweichungen vom Bauplane oder Minderleistungen festgestellt, so mufs der Bauunternehmer zur vollständigen Erfüllung seiner vertraglichen Verpflichtungen angehalten werden.

Nach erfolgter Fertigstellung einer Kleinbahn ist eine genaue **Versteinung der Bahngrenzen** und die sog. **Schlufsmessung** vorzunehmen. Die zur Bahnanlage abgetretenen Grundstücksflächen werden eingesteint und aufgemessen und hiernach die Schlufsvermessungspläne angefertigt. Diese Pläne müssen den Umfang des Bahngeländes genau darstellen und sämtliche Grenzsteine mit den zugehörigen Messungszahlen enthalten. Die Gröfsen der zur Bahn abgetretenen Flächen werden für jedes einzelne, von der Bahn berührte Grundstück berechnet und im Schlufsvermessungsregister gemarkungsweise zusammengestellt.

Versteinung der Bahngrenzen, Schlufsvermessung.

Die Schlufsvermessung mufs durch einen vereideten Landmesser ausgeführt werden, damit auf Grund derselben vom zuständigen Katasteramte die Auflassungsmaterialien erteilt werden können.

Sind die Auflassungsmaterialien beschafft und die Entschädigungsansprüche der vormaligen Grundeigen-

tümer geregelt, so kann die Auflassung der zum Bahnbau abgetretenen Flächen an den Bahneigentümer erfolgen.

Mit der Schlußvermessung ist die endgültige
Stationierung der Bahnlinie zu verbinden. Die Bahnlänge wird in der Bahnachse genau gemessen und in
gleichmäßigen Abständen durch Abteilungs- oder Stationszeichen kenntlich gemacht. Die Stationszeichen sind
zweckmäßig in Abständen von 100 m zu setzen. Sie
werden vom Anfangspunkte der Bahn an, mit 0 anfangend,
fortlaufend numeriert. Das Vorhandensein einer ordnungs-
mäßigen Stationierung ist für den Bahnbetrieb von
Wichtigkeit, damit jede Stelle der Bahn, z. B. für die
Ausführung von Unterhaltungsarbeiten, in einfacher Weise
bezeichnet werden kann.

12. Verwaltung und Betrieb.

Wie bei den baulichen Einrichtungen, so ist auch
bei der Verwaltung und dem Betrieb einer Kleinbahn
auf tunlichste Einfachheit und Sparsamkeit hinzuwirken.
Einfachheit in der Geschäftsführung sowie in der Behandlung aller verkehrs- und betriebstechnischen Angelegen-
heiten, Vereinigung der dienstlichen Geschäfte in wenigen
Händen, Einschränkung des Schreibwerkes auf ein
Mindestmaß, das sind die Grundsätze, von denen man
sich bei Verwaltung einer Kleinbahn leiten lassen muß.
Dieselben streng zur Durchführung zu bringen, wird
häufig durch die Haltung des Publikums erschwert, das,
durch die Einrichtungen auf den Eisenbahnen verwöhnt,
leicht geneigt ist, die gleichen Anforderungen auch an
eine Kleinbahn zu stellen. Einem solchen Verlangen
nachzukommen, würde vielen Kleinbahnen von vornherein
die Möglichkeit ihres Gedeihens nehmen, und man wird
daher schon aus ökonomischen Gründen gezwungen sein,
sich Wünschen ablehnend zu verhalten, die sich mit den

einfachen Verhältnissen einer Kleinbahn nicht vertragen. Zu fordern berechtigt ist dagegen das Publikum, daſs der Betrieb sicher und pünktlich durchgeführt wird, daſs er sich den Bedürfnissen des Verkehrs anpaſst und daſs Bahnanlage und Betriebsmittel sich stets in gutem Zustande befinden. Gewiſs soll auch bei Erfüllung dieser Forderungen Sparsamkeit geübt werden, aber was für Betrieb und Verkehr erforderlich ist, muſs geleistet werden. Zuweitgehende Einschränkungen, welche hier vorgenommen werden, können vorübergehend die Erträgnisse einer Bahn wohl heben, sind aber auf die Dauer nur geeignet, das Unternehmen zu schädigen und beim Publikum unbeliebt zu machen.

Bei Entscheidung der Frage, in wessen Hände die für eine Bahn erforderliche o b e r e B e t r i e b s l e i t u n g und Verwaltung zu legen sind, wird die **Art der Auf**bringung des Baukapitals von Bedeutung sein. Bringt eine Baugesellschaft das gesamte Anlagekapital auf, so liegt es nahe, daſs sie auch den Betrieb führt. In der Regel übernimmt eine Baugesellschaft aber auch dann die Betriebsführung, wenn eine Bahn durch ein Gemeinwesen unter erheblicher Beteiligung einer Baugesellschaft an der Beschaffung des erforderlichen Kapitales ins Leben gerufen worden ist. Auf die Gestaltung der Betriebsverträge sind häufig lokale Verhältnisse, ferner auch die Bedingungen für die Gewährung staatlicher Unterstützungen (Vorbehalte der staatlichen Genehmigung hinsichtlich des Etats, der Betriebsausgaben, der Tarife, Fahrpläne usw.) von wesentlichem Einfluſs; die Form dieser Verträge und die Art, in welcher der Unternehmer seine Entschädigung für die Verwaltung und obere Betriebsleitung findet, ist daher eine sehr mannigfache. Es sei an dieser Stelle nur darauf hingewiesen, daſs des öfteren eine Abhängigkeit zwischen Bau- und Betriebsvertrag geschaffen wurde, so daſs der Unternehmer gegen die Übertragung des Baues einer Kleinbahn sich verpflichten

Obere
Betriebs-
leitung.

4*

mufste, den Betrieb zu führen und eine Zinsgarantie
für das nicht von ihm aufgebrauchte Anlagekapital
oder wenigstens einen Teil desselben zu übernehmen. In
Fällen, wo die Rentabilität einer Bahn sehr unsicher
erscheint, mag eine derartige Regelung für die übrigen
Beteiligten etwas Verlockendes haben; es darf aber nicht
übersehen werden, dafs ein Unternehmer, der ein Risiko
übernehmen soll, bestrebt sein mufs, bei dem Unternehmen selbst Deckung dagegen zu suchen. Wird von
der Übernahme eines Betriebsrisikos durch den Unternehmer abgesehen, so ist anzuraten, ihn, neben der
Gewährung einer Minimalsumme für die Betriebsführung,
am Überschusse teilnehmen zu lassen, damit sein Interesse
an der Erhöhung des Erträgnisses geweckt wird.

Hat ein Gemeinwesen die Absicht, den Betrieb auf
einer von ihm ins Leben gerufenen Bahn selbst zu führen,
so wird in der Regel ein oberer Betriebsleiter bestellt
werden müssen, der als solcher den Aufsichtsbehörden
gegenüber verantwortlich ist. Die diesem Beamten zu-
fallenden Aufgaben umfassen alle Zweige der Kleinbahnverwaltung, und es wird nicht immer leicht sein, eine
Persönlichkeit zu finden, die bau- und betriebstechnische
Kenntnisse besitzt, gleichzeitig aber auch im Verkehr-
und Tarifwesen erfahren und kaufmännisch veranlagt ist.
Da dem oberen Betriebsleiter ein angemessenes Gehalt
gewährt werden mufs, ihm ferner ein, wenn auch knapp
bemessenes Verwaltungsbureau beizugeben ist, so bleibt
in jedem Falle eingehend zu erwägen, ob das Unternehmen einen eigenen Verwaltungskörper tragen kann,
oder ob es sich empfiehlt, zwecks gemeinschaftlicher Verwaltung Anschlufs an ein gleichartiges Unternehmen zu
suchen. In einzelnen Fällen ist höheren Staatseisenbahn-
beamten die obere Betriebsleitung von Kleinbahnen, an
deren gesetzlicher Beaufsichtigung sie nicht beteiligt sind,
nebenamtlich gestattet worden; namentlich bei staatlich
unterstützten Kleinbahnen hat eine derartige Regelung

stattgefunden. Ferner sind einige Provinzen dazu über-
gegangen, die obere Betriebsleitung von unterstützten
Kleinbahnen durch Organe der Provinz führen zu lassen
oder der Kleinbahn geeignete Organe zur Oberleitung
des Betriebes zur Verfügung zu stellen (Sachsen, Brandenburg, Westfalen, Hannover).

Die örtliche Betriebsleitung wird zweckmäfsig
in die Hände eines Beamten, des Bahnverwalters, gelegt;
ihm sind alle übrigen bei der Kleinbahn beschäftigten
Beamten und Arbeiter zu unterstellen; er hat dieselben
zu unterweisen, zu beaufsichtigen und überall persönlich
einzugreifen. Die Tätigkeit des Bahnverwalters hat sich
auf alle Zweige des Betriebes zu erstrecken, auf die
Stationsverwaltung, auf das Wagen- und Verkehrswesen,
die Kassenführung und Rechnungslegung über die Einnahmen und Ausgaben, den Maschinendienst und die
Bahnunterhaltung, jedoch nur insoweit, als die äufsere
Durchführung des Betriebes in Frage kommt. Die Etats-
aufstellung und Kontrolle dagegen, sowie die Bearbeitung
der wichtigen Verkehrsangelegenheiten, wie der Tarife,
Fahrpläne, die Erweiterung und Verbesserung der Bahnanlagen, Beschaffung von neuen Betriebsmitteln und
Materialien, die Anstellung der Beamten und andere
Mafsnahmen, deren Gestaltung das finanzielle Ergebnis
und die gesunde Entwicklung einer Bahn wesentlich
beeinflussen, sind der oberen Betriebsverwaltung vorzu-
behalten. Von dieser ist auch eine Statistik über den
Verkehr zu führen, für die die Unterlagen durch den
Bahnverwalter vorzubereiten sind. Auf eine sorgfältige
und eingehende Statistik ist ganz besonderer Wert zu
legen; denn sie allein gibt Aufschlufs darüber, wie die
Tarife zweckmäfsig zu gestalten sind und welche Folgen
in finanzieller Hinsicht Tarifänderungen mit sich bringen
können.

Sind die Aufgaben, welche hiernach dem Bahnverwalter zufallen, an sich schon sehr vielseitig, so wird

Örtliche
Betriebs-
leitung.

ihre Erledigung häufig dadurch noch erschwert, daſs der
Verkehr sich nicht gleichmäſsig abwickelt, sondern starken
Schwankungen unterworfen ist. Naturgemäſs können
aber bei einer Kleinbahn das Personal und die Betriebsmittel nicht nach dem stärksten Verkehr, der oft sich
nur über einen kurzen Zeitraum erstreckt, bemessen
werden, und es bedarf daher seitens des Bahnverwalters
eines nicht geringen Maſses von Umsicht und Verständnis,
um den Betrieb in Zeiten starken Verkehrsandranges so
durchzuführen, daſs auch das Publikum zufriedengestellt
wird. Dem schnellen Wechsel in den Anforderungen
des Verkehrs entsprechend, müssen auch die Maſsnahmen
zur Befriedigung dieser Bedürfnisse getroffen werden; es
ist daher unerläſslich, dem Bahnverwalter eine gewisse
Freiheit und Selbständigkeit in seinen Anordnungen einzuräumen. Der Bahnverwalter muſs sich auch angelegen
sein lassen, die wirtschaftliche Entwicklung des von der
Bahn durchzogenen Gebietes zu beobachten und alle
daraus entspringenden Transporte für die Bahn zu gewinnen. Die Anstellung eines tüchtigen, zuverlässigen
und umsichtigen Bahnverwalters, der zugleich die unbe-
dingt erforderliche Fähigkeit besitzt, sparsam zu wirt-
schaften, ist somit für das Gedeihen einer Kleinbahn
von wesentlicher Bedeutung.

Der Bahnverwalter wird zumeist seinen Wohnsitz an
dem Stationsort zu nehmen haben, an dem das Zugpersonal stationiert ist. Die Kontrolle über dasselbe
sowie über die sorgsame Unterhaltung der Maschinen
und die Verwendung der Betriebsmaterialien wird dadurch
wirksamer gemacht. Bei Bahnen, deren Ausdehnung oder
Verkehr wenig umfangreich ist, wird es angängig sein,
die Geschäfte des Bahnverwalters und des Vorstehers der
für den Betrieb wichtigsten Station in einer Person zu
vereinigen; erst bei Bahnen gröſseren Umfanges wird
sich eine Trennung der Geschäfte erforderlich machen.
Zur Unterstützung bei Erledigung seiner Geschäfte werden

dem Bahnverwalter nach Bedürfnis Beamte und Hilfs-
kräfte gestellt, die zugleich im Stationsdienst Verwendung
finden. Bei längeren Strecken und lebhaftem Verkehr
wird ihm auch noch ein besonderer Bahnmeister beigegeben werden müssen.

Der Umfang der Geschäfte, welche auf den Klein-
bahnstationen zu erledigen sind, hält sich meist in so
engen Grenzen, daſs ein Bedürfnis zur Besetzung mit
ständigen Beamten für den gröſsten Teil der Stationen
nicht vorliegt. Die Verwaltung der wichtigsten Station,
welche gewöhnlich auch Zuganfangsstation sein wird,
wird man, wie bereits erwähnt, zweckmäſsig dem Bahnverwalter neben seinen sonstigen Dienstobliegenheiten
übertragen, im übrigen aber ständige Beamte nur für
diejenigen Stationen vorsehen, welche lebhaften Verkehr
haben oder für die Durchführung des Betriebes von
Wichtigkeit sind. Es kommen hier in Frage: Zugmelde-
und Zugbildungsstationen, Abzweigstationen für Seiten-
linien usw. Die Verwaltung der übrigen Stationen läſst
sich in verschiedener Weise regeln. Vielfach werden
hierfür Güteragenten bestellt; es sind dies geeignete
Privatpersonen, wie Wirte, Beamte usw., deren Woh-
nungen in der Nähe der Bahn liegen und die als Neben-
beschäftigung die Erledigung der Stationsgeschäfte übernehmen. Sie erhalten dafür eine feste Vergütung von
der Kleinbahn oder erheben Gebühren von den Ver-
frachtern, wie dies beispielsweise auf den sächsischen
Schmalspurbahnen der Fall ist.

Wo sich geeignete Agenten nicht finden oder von
ihrer Verwendung Abstand genommen werden soll, empfiehlt es sich, mehrere benachbarte Stationen durch einen
ständigen Beamten verwalten zu lassen. Derselbe erhält
dabei seinen Wohnsitz an einem Stationsort und findet
sich auf den benachbarten Stationen zu bestimmten
Tageszeiten, die bekannt zu geben sind, zur Erledigung
der Stationsgeschäfte ein. Zur Zurücklegung der Wege

Stations-
dienst.

wird der Beamte nach Möglichkeit die Züge benutzen;
zweckmäfsig ist es, ihm noch ein Zweirad oder eine
Draisine zur Verfügung zu stellen. Bei Bahnen, welche
täglich zur Prüfung auf ihren betriebssicheren Zustand
durch Streckenwärter begangen werden müssen, können
letztere zur Wahrnehmung des Stationsdienstes mit herangezogen werden. In dem Dienstplan sind zu diesem
Zweck Aufenthaltszeiten an den betreffenden Stationen
vorzusehen. Endlich sind auch Frauen von Beamten
oder Vorarbeitern, denen eine Wohnung auf dem Bahnhof oder in der Nähe desselben überwiesen werden
konnte, im Stationsdienst mit Erfolg verwendet worden.
Was schliefslich die Anschlufsstationen von Kleinbahnen
betrifft, so dürfte sich für gewöhnlich eine Besetzung
derselben erübrigen, da die anschlufsgewährende Bahn
gegen angemessene Entschädigung die Erledigung der
Geschäfte für die Kleinbahn mit übernehmen wird.

Zug-
förderungs-
dienst.
Für den Zugförderungsdienst ist die für den
regelmäfsigen Betrieb erforderliche Anzahl von Lokomotiv-
führern und Heizern anzustellen. Es ist wünschenswert,
dafs ein Teil der letzteren die Berechtigung hat, Loko-
motivführerdienste zu verrichten, damit zur Aushilfe bei
Erkrankungen, bei starkem Verkehr usw. der nötige
Ersatz vorhanden ist. Bei gröfseren Betrieben, welche
über eine eigene Werkstätte verfügen, kann dieser Ersatz
durch das Werkstättenpersonal gestellt werden.

Um einen sparsamen Verbrauch an Heiz- und Schmier-
materialien zu erzielen, empfiehlt sich die Gewährung von
Ersparnisprämien an das Lokomotivpersonal. Diese bestehen in einem Teile der Ersparnisse, die sich aus dem
geringeren Verbrauch an Betriebsmaterialien, als solcher
vorgesehen ist, ergeben.

Den Lokomotivdienst regelt unter Aufsicht des Bahnverwalters der Werkmeister oder Oberlokomotivführer.
Letzterer steht auch der Werkstätte vor und ist für die
sorgsame Behandlung und Unterhaltung der Betriebs-

mittel und maschinellen Anlagen verantwortlich. Die
Aufsicht über diese kann in geeigneten Fällen auch
durch Vereinbarung einem Beamten der Staatsbahn oder
einer benachbarten Privatbahn übertragen werden.

Das Zugbegleitungspersonal besteht aus dem
Zugführer (Schaffner) und der erforderlichen Anzahl von
Bremsern. Ersterer ist während der Fahrt und auf den
nicht durch ständige Beamten bedienten Stationen Vor-
gesetzter des gesamten Zugpersonals, hat sich aber wie
dieses auf den besetzten Stationen nach den Weisungen
des Stationsbeamten zu richten. In der Regel wird ein
Beamter zur Begleitung des Zuges ausreichend sein. Die
Tätigkeit, die diesem zufällt, ist sehr vielseitig; denn
nicht nur die eigentlichen Zugführergeschäfte sondern
auch die Fahrkartenausgabe, soweit sie in den Zügen
stattfindet, die Gepäckabfertigung, die Annahme und Ausgabe von Gütern während des Aufenthaltes der Züge
auf unbesetzten Stationen, den Verschiebedienst daselbst
und alle sonstigen den Verkehr der Züge während der
Fahrt betreffenden Geschäfte hat der Zugführer vorzunehmen. Die Anforderungen, welche an diese Beamten
gestellt werden, sind somit ziemlich weitgehend, und es
ist daher notwendig, für den Zugführerdienst Personen
auszuwählen, die nicht nur umsichtig und zuverlässig,
sondern auch gewandt im Verkehr mit dem Publikum
sind. Im Bedarfsfalle werden dem Zugführer Schaffner
und Bremser beigegeben, die ihn bei Erledigung seiner
Geschäfte zu unterstützen haben. Die Fähigsten unter
denselben wird man zweckmäßig im Zugführerdienst aus-
bilden, damit sie aushilfsweise bei Erkrankungen und
Beurlaubungen oder in Zeiten starken Verkehrs zur
Führung von Zügen herangezogen werden können.

Die Ausführung der Bahnunterhaltungsarbeiten
geschieht unter Aufsicht des Bahnverwalters oder des
Bahnmeisters durch Streckenwärter und Streckenarbeiter;
erstere haben die Bahn zu begehen und erforderliche

kleine Arbeiten am Oberbau und Bahnkörper sofort vorzunehmen. Die Untersuchung der Strecke muſs mindestens einmal täglich erfolgen, wenn die zulässige Fahrgeschwindigkeit der Züge mehr als 20 km in der Stunde
beträgt; bei geringeren Fahrgeschwindigkeiten hat die
Untersuchung mindestens jeden dritten Tag zu geschehen.
(§ 19 der Betriebsvorschriften für Kleinbahnen mit Maschinenbetrieb vom 13. August 1898.)

Die Streckenarbeiter werden in einzelne Rotten unter
Führung von Vorarbeitern eingeteilt; ihre Zahl ist von
der Stärke des Verkehrs, von den baulichen Verhältnissen
der Bahn und von der Jahreszeit abhängig. Die Bahnunterhaltungsarbeiten sind möglichst in den Sommermonaten
auszuführen, während der Zeit des stärksten Verkehrs
in den Herbstmonaten sowie während des Winters sind
sie soweit irgend angängig einzuschränken. Während
dieser Zeit sowie auch sonst im Bedarfsfalle werden die
Streckenarbeiter je nach ihrer Fähigkeit und Anstellig-
keit zu Dienstleistungen im Fahrdienst und Stationsdienst
herangezogen. Der Bahnverwalter hat die allmähliche
Ausbildung der Arbeiter hierfür sich angelegen sein zu
lassen.

Ausbildung der Beamten. Bei dieser Gelegenheit sei darauf hingewiesen, daſs
es sich überhaupt empfiehlt, die Bediensteten, soweit dies
zulässig, in möglichst vielen Dienstzweigen auszubilden.
Man sorgt dadurch nicht nur für das nötige Aushilfs-
personal bei Vertretungen, starkem Verkehrsandrang usw.,
sondern befähigt auch die Bediensteten, sich gegenseitig
bei Ausführung ihrer dienstlichen Verrichtungen zu unterstützen. Eine derartige Unterstützung ist aber im Interesse
einer glatten und sparsamen Durchführung des Betriebes
unerläſslich, und es ist daher jedem Bediensteten zur
Pflicht zu machen, nicht nur die ihm durch die Dienst-
anweisung zugewiesenen Dienstgeschäfte zu erledigen,
sondern auch dem übrigen Personal bei Ausführung ihrer
Aufgaben tatkräftigst Hilfe zu leisten. Daſs dabei Bedienstete

Arbeiten verrichten müssen, die sonst minderwertigere Kräfte zu erledigen haben, ist eine Notwendigkeit im Kleinbahnbetriebe, der sich jeder fügen muſs. Nur bei derartigen Maſsnahmen wird man in der Lage sein, den Anforderungen des Verkehrs, welche bei den meisten Kleinbahnen sehr schwankend sind, mit einem geringen Personal gerecht zu werden.

Für die Erlangung und Erhaltung eines guten Beamtenstandes ist es von wesentlicher Bedeutung, daſs die Gehälter auskömmlich bemessen werden und für dieselbe eine feste Gehaltsskala aufgestellt wird, die den Beamten bei guter Führung und Leistung Gehaltsaufbesserungen in bestimmten Zeitabschnitten gewährleistet. Neben dem Gehalt beziehen die Beamten vielfach noch Ortszulagen, Wohnungsgeldzuschüsse oder Kleiderkassengelder. Das Zugbeförderungs- und Zugbegleitungspersonal erhält ferner noch Fahr- und Stundengelder, ersteres auſserdem Ersparnisprämien.

Dringend zu empfehlen ist die Gründung einer Pensionskasse oder der Beitritt zu einer solchen, um die Zukunft der Beamten durch Gewährung von Ruhegeldern sicher zu stellen.

Erwähnt sei endlich noch, daſs die Bediensteten einer Krankenkasse beizutreten haben, und daſs ihnen Anspruch auf eine Entschädigung bei Unfällen gegenüber der Berufsgenossenschaft, welcher die Kleinbahnverwaltung beizutreten hat, sowie Anspruch auf Alters- und Invaliditätsrente nach Maſsgabe der reichsgesetzlichen Bestimmungen zusteht.

Der Fahrplan ist so zu gestalten, daſs bei geringsten Kosten für die Züge den Verkehrsbedürfnissen der von der Bahn durchzogenen Gegend in möglichst weitem Umfange Rechnung getragen wird. Die Aufgabe, welche hiernach zu lösen ist, ist schwieriger, als dies zunächst erscheinen mag. Schwierig, weil zur Bewältigung des

Gehälter, Versicherung der Beamten etc.

Fahrplan.

Verkehrs bei den meisten Kleinbahnen schon wenige
Züge ausreichen und diese so gelegt werden sollen, dafs
sie den lokalen Verkehrsbedürfnissen gerecht werden und
gleichzeitig gute Anschlüsse an die Züge der Eisenbahnen
finden, und zwar häufig sogar an mehreren Stellen und
nach verschiedenen Richtungen hin. Aus wirtschaftlichen
Gründen erscheint es zweckmäfsig im öffentlichen Fahrplan nur so viele Züge vorzusehen, als zur Befriedigung
des dringendsten Bedürfnisses erforderlich sind. Bei Durchführung dieses Grundsatzes wird man sich häufig nicht
mit den Wünschen der Interessenten im Einklang befinden,
die immer auf eine grofse Zahl von Zügen oder auf Vermehrung der bestehenden hinzielen. An die Erfüllung
derartiger Wünsche ist mit Vorsicht heranzutreten, denn
sie ist häufig mit erheblichen finanziellen Opfern für das
Bahnunternehmen verknüpft, so beispielsweise, wenn bei
einer Bahn das vorhandene Personal und die Wagen zur
Durchführung des bestehenden Fahrplanes eben ausreichen und jeder weitere Zug eine Vermehrung des Personals und des Wagenparks erheischt. Den Personenverkehr von dem Güterverkehr von vornherein trennen
und ersteren durch Einlegen vieler Züge zu einem lebhaften entwickeln zu wollen, dürfte sich bei vielen Kleinbahnen als ein verfehlter und kostspieliger Versuch
erweisen. Eine Trennung beider Verkehre läfst sich
zumeist erst rechtfertigen, wenn jeder derselben einen
gröfseren Umfang angenommen hat.

Bei vielen Kleinbahnen werden drei Züge in jeder
Richtung und zwar je einer des Morgens, Mittags und
Abends zur Bewältigung des Verkehrs ausreichend
erscheinen; ihre genauere zeitliche Lage bestimmt sich
nach dem Fahrplan der Eisenbahnen, an welche die
Kleinbahn anschliefst, sowie nach lokalen Verhältnissen,
über die zweckmäfsigerweise die Beteiligten (Gemeinden,
Behörden) zu hören sind. Den von diesen meist zahl-
reich vorgebrachten Wünschen bei der Gestaltung des

Fahrplanes nach allen Richtungen hin Rechnung tragen zu wollen, wird sich in Anbetracht der geringen Zahl der Züge, die sich wirtschaftlich vertreten läſst, häufig als nicht angängig erweisen, wohl aber kann oft einem Teil dieser Wünsche dadurch genügt werden, daſs neben den regelmäſsigen, die ganze Strecke durchfahrenden Zügen noch solche für einzelne Teilstrecken oder für einzelne Tage der Woche, wie Markttage, Gerichtstage usw. eingelegt werden. Auch wird es zweckmäſsig sein, bei besonderen Gelegenheiten, wie bei Jahrmärkten, groſsen Festen, Wallfahrten usw., Sonderzüge verkehren zu lassen. Nimmt der Güterverkehr vorübergehend oder auch dauernd einen Umfang an, daſs er mit den regelmäſsig verkehrenden Zügen nicht mehr bewältigt werden kann, so ist es ratsam, nicht sofort den regelmäſsigen Fahrplan zu erweitern, sondern nach Bedarf Gütersonderzüge zu fahren und diesen, soweit angängig, auch diejenigen Güter zuzuweisen, die sonst von den gemischten Zügen befördert werden müssen. Man erzielt hierdurch eine Einschränkung der seitens des Publikums als lästig empfundenen Rangiermanöver bei diesen Zügen und eine schnellere Durchführung der letzteren.

Zur Verbilligung des Betriebes ist dahin zu streben, den Verkehr möglichst mit einem Zugkörper zu bewältigen, der auf der Strecke des Tags mehrmals hin- und herläuft. Ist die Bahn eine Sackbahn, so wird man meist dem Verkehrsbedürfnisse am besten gerecht werden, wenn der erste Zug auf der Endstation beginnt und der letzte dort endigt. Verbindet dagegen eine Kleinbahn zwei Hauptbahnen, so wird bei Pendelzugbetrieb die Frage schwieriger zu entscheiden sein, in welcher Richtung der erste und der letzte Zug verkehren sollen. Durch sorgfältige Prüfung der örtlichen Verhältnisse wird sich jedoch feststellen lassen, in welcher Richtung die stärksten Verkehrsbeziehungen liegen, auf die man in erster Linie Rücksicht zu nehmen haben wird.

Es sei an dieser Stelle darauf hingewiesen, dafs sich neuerdings Bestrebungen geltend machen, den Personenverkehr auf Kleinbahnen durch Selbstfahrwagen, die Lokomotive und Personenwagen in sich vereinigen, zu bewältigen. Erfahrungen, die damit in anderen Ländern, so namentlich in Ungarn gemacht wurden, haben sich als günstig erwiesen und gezeigt, dafs die Kosten des Betriebes mit Selbstfahrern nicht unwesentlich niedriger sind als diejenigen mit Lokomotiven, ein Umstand, der es natürlich erheblich erleichtert, Wünschen der Interessenten nach Vermehrung der Züge Rechnung zu tragen. Dazu kommt noch, dafs die Selbstfahrzüge infolge ihres leichteren Gewichtes und der dabei zu erreichenden Abkürzung der Aufenthalte auf den Stationen meist schneller durchgeführt werden können als die mit Lokomotiven beförderten gemischten Züge. Diese Vorteile, welche man vielleicht noch durch Herabminderung der Fahrpreise zu steigern in der Lage ist, werden zweifellos von günstigem Einflufs auf die Entwicklung des Personenverkehrs sein, und es empfiehlt sich daher zu prüfen, ob im gegebenen Falle die Einführung von Selbstfahrwagen nicht ratsam erscheint. Von vornherein möchte eine solche Mafsnahme voraussichtlich da Erfolg versprechen, wo Personen- und Güterverkehr wegen ihres Umfanges getrennt voneinander abgewickelt werden, oder wo ersterer den letzteren zeitweilig oder dauernd stark überwiegt und es womöglich angängig ist, den Güterverkehr mit den Selbstfahrzügen zu bewältigen. Bemerkt sei dabei, dafs es bei vielen Bahnen die örtlichen Verhältnisse gestatten dürften, den Triebwagen so kräftig zu konstruieren, dafs er befähigt wird, 1 bis 2 Anhängewagen, sei es zur Aufnahme von Personen oder Gütern, mitzuführen; wenigstens aber werden Stückgüter wohl überall den Selbstfahrzügen mitgegeben werden können. Ob bei Bahnen mit einem Verkehr, dessen Bedienung täglich mehrere gemischte Züge in jeder Richtung erfor-

dert, neben diesen noch die Einführung des Betriebes
mit Selbstfahrern zweckmäfsig erscheint, mufs in jedem
einzelnen Falle sorgfältig geprüft werden. Die Verwendung
der letzteren dürfte, wie bereits erwähnt, da am vorteilhaftesten sich gestalten, wo Personen- und Güterverkehr
getrennt voneinander abgewickelt werden.

Zum Schlufs sei noch darauf hingewiesen, dafs es
ratsam ist, sich gegen die eventuellen Folgen von Unfällen im Betriebe durch Versicherungen zu decken.
In Betracht kommen: Versiche-
rungen.

> die Haftpflichtversicherung für Fahrgäste und
> Passanten, die zweckmäfsig auch auf Sachschäden
> auszudehnen ist,
> die Transportversicherung für die eigenen und
> fremden Betriebsmittel und die beförderten Güter,
> die Feuerversicherung für die Gebäude, die
> Inventarien, die Betriebsmittel und Güter und
> gegen Schäden durch Funkenauswurf der Loko-
> motiven.

Weiterhin werden wohl auch noch Versicherungen
gegen Einbruch und Veruntreuung aufgenommen.

Dafs die Bediensteten gegen Unfall, Krankheit usw.
zu versichern sind, ist bereits früher erwähnt worden.

13. Beförderungspreise.

Die Feststellung der Beförderungspreise steht nach
§ 14 des Kleinbahngesetzes innerhalb eines bei der Genehmigung festzusetzenden Zeitraumes von mindestens
fünf Jahren nach der Eröffnung des Bahnbetriebes dem
Unternehmer frei. Das alsdann der Aufsichtsbehörde
zustehende Recht der Genehmigung der Beförderungspreise erstreckt sich lediglich auf den Höchstbetrag derselben. Hierbei ist auf die finanzielle Lage des Unternehmens und auf eine angemessene Verzinsung und *Einleitung.*

Tilgung des Anlagekapitals Rücksicht zu nehmen. Die Beförderungspreise sowie deren Änderungen sind vor ihrer Einführung öffentlich bekannt zu machen. Sie müssen gleichmäfsige Anwendung finden; Ermäfsigungen der Beförderungspreise, welche nicht unter Erfüllung der gleichen Bedingungen jedermann zugute kommen, sind unzulässig (§ 21 des Kleinbahngesetzes).

Von einschneidenster Wichtigkeit für eine Kleinbahn ist nun die Frage, wie hoch die Beförderungspreise zu bemessen sind. Um Enttäuschungen vorzubeugen, empfiehlt es sich dringend, diese Frage in eingehendster Weise für jede Kleinbahn besonders zu prüfen und zwar nicht erst, wenn der Bau einer Bahn bereits beschlossen oder sogar schon begonnen ist, sondern wenn er sich im Stadium der Vorbereitung befindet, in dem über die Bauwürdigkeit einer Linie Entscheidung getroffen wird. Einigen Anhalt für die Bemessung der Beförderungspreise in einem bestimmten Falle wird man durch das Studium der Tarife anderer Kleinbahnen ähnlichen Charakters wohl gewinnen. Es wäre aber verkehrt, die Tarife einer Kleinbahn ohne weiteres' auf eine andere übertragen zu wollen, denn die wirtschaftlichen Verhältnisse sind bei jeder Bahn anders gestaltet. Hierauf ist bei Festsetzung der Beförderungspreise in erster Linie Rücksicht zu nehmen; die Tarife müssen sich den örtlichen Verkehrsbedürfnissen anpassen und den Veränderungen derselben folgen. Je sorgfältiger man hierbei zu Werke geht, um so mehr wird Aussicht vorhanden sein, den gesamten Verkehr aus dem von einer Kleinbahn durchzogenen Gebiet für diese zu gewinnen.

Gütertarife. Es gilt dies besonders für den Güterverkehr. Hier ist zunächst festzustellen, auf welchen Wegen und mit welchen Kosten die Interessenten bisher ihre Güter beziehen und versenden. In der Mehrzahl der Fälle wird dafür Landfuhrwerk verwendet werden, seltener auch eine Wasserstrafse zur Verfügung stehen. Mit letzterer

in Wettbewerb zu treten dürfte bei den niedrigen Beförderungspreisen auf Wasserstraßen für eine Kleinbahn
meist nicht angängig erscheinen; dagegen möchte es für
sie wohl von Nutzen sein, gegebenenfalls Anschluß an
eine vorhandene Wasserstraße zu suchen.

Aber auch den Wettbewerb mit dem Landfuhrwerk
erfolgreich aufzunehmen, wird sich nicht überall als eine
leichte Aufgabe erweisen. In Gegenden, in denen die
meisten Transporte durch gewerbliche Frachtfuhrleute
ausgeführt werden, läßt sich die Grenze unschwer feststellen, bis zu der man mit den Frachtsätzen wird gehen
können, um das Landfuhrwerk zu verdrängen. Wesentlich
schwieriger gestaltet sich die Aufgabe dagegen da, wo,
wie zumeist in ländlichen Bezirken, die Interessenten
ihre Frachten mit eigenem Fuhrwerk befördern. Die
Kosten für diese Leistungen werden von den Landwirten
häufig niedriger eingeschätzt, als sie tatsächlich sind,
und es erwächst dadurch der Kleinbahn vielfach eine
Konkurrenz gerade von denjenigen Interessenten, für die
der Bau vornehmlich erfolgt ist.

Daß die Kosten des Landtransportes in verschiedenen Gebieten sich sehr ungleich stellen müssen, ist
naturgemäß, denn sie hängen von den wirtschaftlichen
und örtlichen Verhältnissen der einzelnen Bezirke ab,
die überall anders gestaltet sind. In Gegenden beispielsweise, in denen sich gute Wegeverhältnisse vorfinden,
wird der Landfuhrwerksverkehr erleichtert und verbilligt,
ebenso da, wo die Transporte sich zumeist zu Tal
bewegen oder sich in günstiger Jahreszeit ausführen
lassen.

Von wesentlichem Einfluß auf die Transportkosten
sind auch die Entfernungen, auf die ein Gut zu befördern
ist, sowie der Umstand, ob regelmäßig oder häufig für
die Rückfahrt auf Fracht gerechnet werden kann. Mit
dem Wachsen der Entfernungen vermindert sich die
Fähigkeit des Landfuhrwerkes, den Wettbewerb mit der

Bahn aufzunehmen, mit dem Abnehmen der Entfernungen
erhöht sich dagegen diese Fähigkeit. Denn es fallen
bei kurzen Entfernungen die Kosten für den Transport
der Güter nach und von den Bahnhöfen und für die
doppelte Umladung daselbst gegenüber den Kosten,
welche die unmittelbare Beförderung der Güter von der
Versand- nach der Empfangsstelle erfordert, so stark ins
Gewicht, daſs es schwierig ist, ihren nachteiligen Einfluſs durch angemessene Frachtsätze auf der Bahn zu
Gunsten der letzteren aufzuheben. Diese Schwierigkeit
wächst naturgemäſs, wenn die Bahnhöfe ungünstig zu
den Ortschaften liegen, und weist auf die Notwendigkeit
hin, die Bahnen dicht an die letzteren heranzuführen
und den Haltestellen eine so günstige Lage, wie nur
immer möglich, zu geben. · Die dadurch geschaffene An-
nehmlichkeit, das Verladegeschäft und das damit beauf-
tragte Personal scharf überwachen zu können, wird es
manchem Interessenten vorteilhafter erscheinen lassen,
seine Güter auch auf kurze Entfernungen der Bahn zur
Beförderung zu übergeben, selbst wenn sich dafür ein
pekuniärer Nutzen für ihn nicht herausrechnen läſst.

Sind somit einerseits die Frachtsätze einer Kleinbahn derartig zu bemessen, daſs der Verkehr sich von
seinen bisherigen Beförderungswegen und -Mitteln ab-
wendet und der Bahn zuflieſst, so wird man anderseits
bestrebt sein, diese Sätze so hoch anzunehmen, daſs sich
dabei nicht nur eine Deckung der eigentlichen Betriebskosten ergibt, sondern darüber hinaus noch Überschüsse
erzielt werden, die eine Tilgung des Anlagekapitals, wo
solche erforderlich, und eine angemessene Verzinsung
desselben ermöglichen. Es wäre jedoch irrig, diese
Faktoren, welche zusammen die Selbstkosten darstellen,
in erster Linie für die Festsetzung der Beförderungspreise
als maſsgebend hinstellen zu wollen, denn die Interessenten
würden derartig bemessene Preise selbstverständlich nur
dann zahlen, wenn ihnen nicht andere, billigere Beförde-

rungsweisen zur Verfügung stehen. Immerhin wird es
meistens möglich sein, die Frachtsätze so zu stellen, dafs
wenigstens die eigentlichen Betriebskosten, d. h. die Kosten
für die Unterhaltung und Erneuerung der Bahnanlagen
und Betriebsmittel und für die Durchführung des Betriebes durch die Einnahmen Deckung finden; wie weit
darüber hinaus Überschüsse erzielt werden können oder
sollen, hängt von den Verkehrsverhältnissen eines Gebietes sowie von der Art ab, wie die Beschaffung des
Anlagekapitals erfolgt ist. Hat dasselbe eine Privat-
gesellschaft ganz oder zum gröfsten Teil aufgebracht,
wird sie naturgemäfs möglichst hohe Erträgnisse aus dem
Unternehmen zu ziehen sich bemühen. Anders dagegen,
wenn Körperschaften (Provinzen, Kreise) die Aufbringung
des Anlagekapitals übernommen haben. Diese können
von vornherein den Verkehrszweck in den Vordergrund
treten lassen und werden, wie die Verhältnisse einmal
liegen, demgemäfs vorgehen müssen, wenn die Kleinbahnen den von ihnen erhofften Nutzen bringen sollen.
In der Verzinsung des Anlagekapitals ist dieser allein
nicht zu suchen; es sind vielmehr auch die mittelbaren
Vorteile in Betracht zu ziehen, welche einer Gegend aus
dem Bau einer Kleinbahn erwachsen. Beförderungspreise, die in richtiger Erfassung der wirtschaftlichen
Verhältnisse eines Bezirkes und unter dem Gesichtspunkte aufgestellt sind, dafs sie nicht nur dem vorhandenen Verkehr Rechnung tragen, sondern auch belebend
und befruchtend auf denselben einwirken sollen, werden
zur Stärkung jener Vorteile und somit auch zur Hebung
des Erträgnisses der Bahn beitragen.

Auf eine Erörterung der verschiedenen Tarifsysteme
kann füglich hier nicht eingegangen werden; es sei
jedoch darauf hingewiesen, dafs das heute auf den Eisenbahnen in Deutschland geltende Tarifsystem hervor-
gegangen ist aus einer Verbindung der Tarifierungs-
grundsätze, welche den früher daselbst herrschenden

5 *

Systemen, nämlich dem Werttarifsystem und dem Raum-
system, zugrunde lagen.

Bei ersterem war der Wert der beförderten Güter
für die Bemessung der Frachtsätze mafsgebend; die Beförderung der geringwertigen Massengüter geschah demgemäfs zu niedrigeren, die der höherwertigen Güter zu
entsprechend höheren Frachtsätzen. Wenig oder nur im
geringen Umfange wurde dabei auf eine zweckmäfsige
Ausnutzung der Wagen durch Erstellung billigerer Sätze
für ganze Wagenladungen hingewirkt. Zumeist reichte
die Aufgabe einer bestimmten Gewichtsmenge an Gut
aus, und es war ohne Bedeutung, ob die Verladung desselben in einem oder in mehreren Wagen erfolgte. Ein
Anreiz, ganze Wagenladungen zu bilden, lag somit für
die Verfrachter nicht vor und es erwuchs aus diesen
Verhältnissen für die Verwaltungen der wirtschaftliche
Nachteil, dafs die Wagenausnutzung eine ungünstige war.

Seitens der Interessenten wurde gegen das Werttarifsystem, das bis gegen Ende der sechziger Jahre in
Deutschland das herrschende war, eingewendet, dafs die
Bemessung der Frachtsätze nach dem Werte der beförderten
Güter zu Härten und Ungerechtigkeiten führen müfste,
da es für die Eisenbahnverwaltungen sehr schwierig
wäre, die Güter nach ihrem wahren Werte einzuschätzen.
Es sei vielmehr richtiger, nicht diesen bei Festsetzung
der Beförderungspreise zugrunde zu legen, sondern die
von den Eisenbahnen für die Beförderung der Güter aufgewendeten Leistungen und Kosten. Die Anwendung
dieses Grundsatzes führt dazu, die Frachtsätze im wesentlichen abhängig zu machen von der Schnelligkeit, mit
der die aufgegebenen Güter befördert werden, und ferner
von der Menge der letzteren. In ersterer Hinsicht ist zu
unterscheiden zwischen Eilgut und Frachtgut und in
letzterer zwischen Stückgut und Wagenladungen.

Das Tarifsystem, welches auf diesen Grundlagen
aufgebaut ist, nennt man das natürliche oder Wagenraum-

system. Da dasselbe von jeder Tarifierung nach dem Werte absieht, so gestaltet es sich klar und übersichtlich und ist infolgedessen auch leicht zu handhaben. Letzterer Umstand sowie das Bestreben, welches diesem System eigen ist, die Verfrachter zur Bildung ganzer Wagenladungen anzuregen und dadurch die Wagenausnutzung nach Möglichkeit zu steigern, wirken mindernd auf die Betriebskosten ein. Der Anreiz zur Aufgabe ganzer Wagenladungen ist dabei durch die wesentlich höhere Tarifierung, welche das Stückgut gegenüber der Wagenladung erfährt, und ferner durch die Bestimmung gegeben, daſs für die Anwendung der Wagenladungssätze nicht nur die Aufgabe eines bestimmten Gewichtes an Gut erforderlich ist, sondern auch die tatsächliche Verladung dieses Gewichtes in einem Wagen. Eine derartige Bestimmung war in den Tarifen nach dem Werttarifierungssystem in der Regel nicht vorgesehen, ebenso häufig auch nicht ein Unterschied in den Beförderungspreisen für Stückgut und Wagenladungen. Der Anreiz, diese zu bilden, fiel daher, wie oben erwähnt, hier fort.

Wegen seiner Einfachheit und Übersichtlichkeit ist das Wagenraumsystem von verschiedenen Seiten als besonders geeignet für die Kleinbahnen empfohlen worden. Wenn dasselbe trotzdem nicht zur Einführung gelangte, so ist dies wohl hauptsächlich dem Umstande zuzuschreiben, daſs das System bei starrer Durchführung der in ihm verkörperten Grundsätze ungünstig auf die Erträgnisse der Bahnen einwirkt, und ihm die Fähigkeit mangelt, sich den Anforderungen des Verkehrs anzupassen. Auf diese Eigenschaft muſs aber bei Kleinbahnen Wert gelegt werden. Wenn alle Güter ohne Rücksicht auf ihren Wert hinsichtlich der Beförderung als gleich angesehen werden, wie dies beim Wagenraumsystem geschieht, so wird man naturgemäſs den Frachtsatz nicht nach dem Gute bemessen wollen, welches am wenigsten

Fracht tragen kann, sondern man wird, um nicht die
wertvolleren Güter zu diesem Satz fahren zu müssen
und dadurch die Einnahmen unnützerweise zu schmälern,
einen Durchschnittssatz anstreben. Dieser wird aber zu
dem Werte der Güter nicht im richtigen Verhältnis
stehen, d. h. er wird für die geringwertigen Massengüter
zu hoch und für die höherwertigen zu niedrig sein.
Letztere zu einem zu billigen Satze zu befördern, erscheint aber nicht gerechtfertigt, denn ihrem Wert gegenüber ist die Fracht gewöhnlich von so geringer Bedeutung, daſs eine höhere oder niedrigere Bemessung derselben auf den Umfang des Verkehrs in diesen Gütern
ohne Einfluſs ist. Dagegen liegt die Gefahr vor, daſs
ein zu hoher Durchschnittssatz die Verfrachtung der
billigen Massengüter unmöglich macht, mindestens aber
beeinträchtigt. Da diese Güter die höherwertigen aber
an Menge bei weitem übertreffen, so wird die Einführung
eines einheitlichen Satzes zur Folge haben, daſs die
Menge der zur Aufgabe gelangenden Güter sich geringer
stellt, als wenn eine Tarifierung nach dem Werte der
beförderten Güter stattfindet. Damit wäre meist aber
auch der Nachteil geringerer Einnahmen verknüpft. Die
gleiche Erscheinung ergäbe sich auch beim Personenverkehr, wenn nur eine Klasse vorhanden wäre und der
Preis dafür etwa dem Durchschnitt der jetzigen Klassen-
sätze entspräche. Für den gröſseren Teil der Reisenden
würde derselbe zu hoch sein, es träte daher eine Ver-
ringerung des Verkehrs und damit wohl auch ein Rück-
gang der Einnahmen ein. Diesem Nachteil arbeitet die
Werttarifierung entgegen, sie ermöglicht ferner auch
durch Erstellung von tunlichst billigen Frachtsätzen für
minderwertige Güter eine möglichst groſse Massennutzung
und Verkehrssteigerung. Es ist daher nicht zuzugeben,
daſs die Bemessung der Beförderungspreise nach dem
Werte der Güter wirtschaftlich nicht zu rechtfertigen sei,
es darf nur nicht dieser Gesichtspunkt als der allein

mafsgebende angesehen werden. Vom wirtschaftlichen Standpunkt aus erscheint es vielmehr am richtigsten, aus den im Wagenraumsystem und dem Werttarifierungssystem enthaltenen Grundsätzen ein System zu bilden, bei dem die Vergütung für die Leistungen der Eisenbahnen unter Berücksichtigung des Wertes der beförderten Güter erfolgt. Dabei wird natürlich nicht für jedes Gut ein seinem Werte entsprechender Frachtsatz festgestellt, sondern es werden gleichwertige Güter zu Klassen vereinigt, den sog. Wertklassen. Auf die Einreihung der Güter in die ihrem Werte entsprechenden Klassen ist besondere Sorgfalt zu verwenden, um Beschwerden der Interessenten über Härten und Ungerechtigkeiten vorzubeugen. Berechtigten Wünschen derselben nach einer anderen Festsetzung des Frachtsatzes für ein bestimmtes Gut ist man in der Lage, durch Versetzung desselben in eine andere Wertklasse, leicht zu entsprechen. Die Möglichkeit, sich jederzeit den Verkehrsbedürfnissen und ihren Änderungen anpassen zu können, ist hierdurch gegeben.

Auf vorstehender Grundlage beruht der sogenannte Reformtarif, der gegenwärtig in Deutschland besteht und in vereinfachter Form auch von den meisten Kleinbahnen angenommen ist. Nach diesem Tarif, dem Deutschen Eisenbahn-Gütertarif, wird die Fracht nach Kilogramm berechnet. Sendungen unter 20 kg werden für 20 kg, das darüber hinausgehende Gewicht wird um 10 kg steigend so gerechnet, dafs je angefangene 10 kg für voll gelten. Die Frachtberechnung ist eine verschiedene, je nachdem das Gut als Eilgut oder als Frachtgut aufgegeben wird.

Der deutsche Eisenbahn-Gütertarif unterscheidet ferner bei

A. Eilgut:

a) Güter der allgemeinen Eilgutklasse.

b) Güter des Spezialtarifs für bestimmte Eilgüter.

Alle nicht in dem unter b) genannten Spezialtarif aufgeführten Artikel werden bei Aufgabe als Eilstückgut zu den im Tarife vorgesehenen Eilstückgutsätzen, bei Aufgabe als Eilgut in Wagenladungen zu den Sätzen der allgemeinen Wagenladungsklasse für das Doppelte des der Frachtberechnung nach den Vorschriften für diese Klasse zugrunde zu legenden Gewichts befördert.

Für die dem Spezialtarif für bestimmte Eilgüter angehörenden Artikel wird sowohl bei Aufgabe als Stückgut wie als Wagenladung nur die Fracht für Frachtgut berechnet.

> c) Beschleunigtes Eilgut, das vorzugsweise vor anderem Eilgut mit den günstigsten von der Eisenbahnverwaltung dafür freigegebenen Zügen befördert wird. Die Fracht hierfür entspricht dem doppelten Betrag der Fracht für Güter der allgemeinen Eilgutklasse.

B. Frachtgut.

1. Stückgut.

> a) Güter der allgemeinen Stückgutklasse,
> b) Güter des Spezialtarifs für bestimmte Stückgüter.

Zu den Stückgutsätzen werden diejenigen Güter befördert, die der Absender nicht als Wagenladung aufgibt.

Für die dem Spezialtarif für bestimmte Stückgüter angehörenden Güter werden die Sätze dieses Spezialtarifs, für alle übrigen die Sätze der allgemeinen Stückgutklasse berechnet.

2. Wagenladungen.

> a) Güter der allgemeinen Wagenladungsklasse Klasse B mit der Nebenklasse A^1.
> b) Güter des Spezialtarifs I ⎰ mit der Neben-
> c) Güter des Spezialtarifs II ⎱   klasse A^2.
> d) Güter des Spezialtarifs III mit der Nebenklasse Spezialtarif II.

Die Güter der Spezialtarife sind in der dem Deutschen Gütertarif beigegebenen Güterklassifikation aufgeführt. Alle daselbst nicht genannten Güter gehören zur allgemeinen Wagenladungsklasse. Es sind dies die höherwertigen Güter, während die Spezialtarife die minderwertigen Güter, und zwar stufenweise abfallend enthalten, so dafs im wesentlichen Spezialtarif I die Ganzfabrikate, Spezial-tarif II die Halbfabrikate und Spezialtarif III die Roh-stoffe umfafst.

Zu den Sätzen der Wagenladungsklassen werden die Güter befördert, die der Absender mit e i n e m Fracht-brief und für e i n e n Wagen als Wagenladung aufgibt. Der Frachtberechnung nach den Sätzen der Hauptklassen wird ein Gewicht von mindestens 10000 kg für jeden verwendeten Wagen, der Frachtberechnung nach den Sätzen der Nebenklassen ein Gewicht von mindestens 5000 kg für jeden verwendeten Wagen zugrunde gelegt. Für Sendungen zwischen 5000 und 10000 kg wird die Fracht für das wirkliche Gewicht nach der Nebenklasse oder für 10000 kg nach der Hauptklasse für jeden ver-wendeten Wagen berechnet, je nachdem die eine oder die andere Berechnung eine billigere Fracht ergibt.

Neben den feststehenden Tarifklassen findet sich bei den Eisenbahnen noch eine grofse Anzahl von Ausnahme-tarifen, wodurch [die Übersichtlichkeit der Tarife und deren Anwendung erschwert ist. Demgegenüber empfiehlt es sich, den Tarif für die Kleinbahnen möglichst einfach und für jedermann verständlich zu gestalten, ein Ziel, das sich durch Beschränkung der regelrechten Tarif-klassen und der Ausnahmetarife erreichen läfst. Eine Eilgutklasse sowie eine besondere Stückgutklasse für be-stimmte Stückgüter werden meist entbehrt werden können, da bei der Mehrzahl der Kleinbahnen der Stückgutverkehr sich nur in mäfsigen Grenzen hält und alle Züge mit der gleichen Geschwindigkeit verkehren. Dagegen erscheint es erforderlich, wie bei den Eisenbahnen, für die allgemeine

Wagenladungsklasse eine Nebenklasse vorzusehen, welche
zur Anwendung kommt, wenn Güter in kleineren Mengen,
als durch die Hauptklasse bestimmt, zur Aufgabe gelangen.
Je nach der Tragkraft der Normalwagen wird der Frachtberechnung zu den Sätzen der Hauptklasse ein Gewicht
von 10000 oder 7500 kg und zu den Sätzen der Nebenklasse meist ein solches von 5000 kg zugrunde gelegt
werden können. Ist diese Gewichtsmenge jedoch, wie
bei Schmalspurbahnen mit Normalwagen von nur fünf
Tonnen Tragfähigkeit, bereits für die Hauptklasse mafsgebend, so fällt für gewöhnlich die Nebenklasse fort.
Neben der allgemeinen Wagenladungsklasse werden für
Güter in Wagenladungen ein oder mehrere Spezialtarife
zu erstellen sein, denen die einzelnen Güter ihrem Werte
und ihrer wirtschaftlichen Bedeutung nach zuzuteilen sind.

Von verschiedenen Seiten ist angeregt, dafs die
Kleinbahnen ohne weiteres die Güterklassifikation der
Eisenbahnen annehmen sollten, da dadurch die Berechnung der Fracht für Sendungen, welche von Kleinbahnen
zu den Eisenbahnen und umgekehrt übergehen, den Interessenten wesentlich erleichtert würde. Ganz abgesehen
davon aber, dafs zur Aufstellung derartiger Berechnungen
nur wenig Interessenten in der Lage sein werden, ist
auch durch die Übertragung der Güterklassifikation der
Eisenbahnen auf die Kleinbahnen wenig geholfen, denn
für eine grofse Anzahl von Gütern wird die Fracht auf
ersteren nicht nach den Sätzen der regelrechten Tarif-
klassen, sondern nach Ausnahmetarifen berechnet. In
einzelnen Fällen mag es wohl angezeigt sein, sich der
Güterklassifikation der Eisenbahnen anzuschliefsen; bei
der Mehrzahl der Kleinbahnen dürfte jedoch ein Vorgehen nach dieser Richtung hin nicht gerechtfertigt erscheinen. Es leuchtet dies wohl ein, wenn man erwägt,
dafs die Eisenbahnen ihre Güterklassifikation unter Berücksichtigung der wirtschaftlichen Verhältnisse eines
grofsen Gebietes aufzustellen haben, dafs dagegen von

Kleinbahnen nur die Verhältnisse eines eng begrenzten Bezirkes zu berücksichtigen sind. Letztere unterliegen bei Bemessung ihrer Frachtsätze in viel stärkerem Mafse dem Einflusse der örtlichen Bedürfnisse, des Wettbewerbes seitens des Landfuhrwerkes, der Wasserstrafsen usw. als die Eisenbahnen, die ihre Güter meist auf gröfsere Entfernungen befördern, und naturgemäfs dadurch zu einer anderen Bewertung der Güter gedrängt werden. Die Annahme der Güterklassifikation der Eisenbahnen könnte daher wohl häufig dazu führen, dafs die Kleinbahnen in ihren Erträgnissen eine Schädigung erfahren. weil ihnen einerseits Transporte infolge zu hoher, den örtlichen Bedürfnissen nicht angepafster Frachtsätze entgehen und sie anderseits Güter zu niedrigeren Frachtsätzen befördern müfsten, als diese nach Lage der Verhältnisse zu tragen vermögen. Man erkennt hieraus immer wieder die Notwendigkeit für die Kleinbahnen, ihre Beförderungspreise den örtlichen Bedürfnissen nach Möglichkeit anzupassen. Von diesem Gesichtspunkt aus wird es sich zuweilen auch nicht umgehen lassen, für einzelne Güter in bestimmten Verkehrsbeziehungen unbeschadet des § 21 des Kleinbahngesetzes besondere Frachtsätze zu gewähren, die sich natürlich niedriger stellen als die entsprechenden Sätze der allgemeinen Wagenladungsklasse oder der Spezialtarife. Mit der Einführung derartiger niedriger Frachtsätze empfiehlt es sich jedoch sehr vorsichtig vorzugehen, denn die Begehrlichkeit anderer Interessenten nach ähnlichen Zugeständnissen wird hierdurch leicht erregt, auch wenn dazu keine Berechtigung vorliegt.

Die Frachtsätze sind zweckmäfsig wie bei den Eisenbahnen für 100 kg anzugeben und in dieselben alle diejenigen Gebühren einzurechnen, welche bei jedem Transport in die Erscheinung treten. Für gewöhnlich kommen hierbei nur die Abfertigungsgebühr und der Streckensatz in Betracht, von denen letzterer die Entschädigung für die eigentliche Beförderung und erstere diejenige für die

mit der Vorbereitung und der Abfertigung der Sendungen
auf der Abgangs- und Bestimmungsstation verbundenen
bahnseitigen Leistungen bildet. Streckensatz und Abfertigungsgebühr geben zusammen den aus den Tarif-
tabellen ersichtlichen Frachtsatz. Wie dieselben im einzelnen zu bemessen sind, hängt von den in jedem Falle
obwaltenden Verhältnissen ab, immerhin wird dabei die
Kenntnis der Normal-Transportgebühren der preußischen
Staatsbahnen von Wert sein, die nebenstehend wiedergegeben sind.

Vergütungen für Leistungen, welche im Gegensatz
zu der Abfertigungsgebühr und dem Streckensatz nicht
bei jedem, sondern nur bei einzelnen Transporten vor-
kommen, werden gewöhnlich nicht in die Frachtsätze
mit eingerechnet, sondern als Nebengebühren erhoben.
Zu diesen gehören beispielsweise die Lager- und Wagen-
standgelder, die Wäge- und Desinfektionsgebühren, die
Gebühren für Umladen der Güter oder die Überführung
normalspuriger Wagen auf Rollböcken bei Schmalspurbahnen usw.

Einer besonderen Prüfung bedarf die Frage, ob die
für eine Kleinbahn zu erstellenden Tarife nicht nur für
den Binnenverkehr sondern auch für den Übergangsverkehr derselben mit anderen Bahnen Giltigkeit haben
sollen. Bei Transporten, die das Gebiet einer Kleinbahn
verlassen und auf eine andere Bahn übergehen oder umgekehrt, beruht es auf der begrifflichen Verschiedenheit
der Eisenbahnen und der Kleinbahnen, daß von diesen
wie von jenen die auf Grund ihrer Tarife sich ergebende
volle Fracht berechnet und die Gesamtfracht durch Addition der Einzelfrachten ermittelt wird. Die Übergangsstation gilt bei diesem Verkehr somit nicht als eine
Durchgangsstation wie im Übergangsverkehr der Eisenbahnen untereinander, sondern sie wird für die eine Bahn
als Anfangsstation, für die andere als Bestimmungsstation

Streckensätze für 100 kg und 1 km in Markpfennig.

	Stückgutklasse				Wagenladungsklassen					
	Eilstückgut		Frachtstückgut		Allgemeine		Spezialtarife			
Entfernungen	Allgemeine Eilgut-klasse	Spezialtarif f. bestimmte Eilgüter	Allgemeine Stückgut-klasse	Spezialtarif f. bestimmte Stückgüter	A¹	B	A²	I	II	III
1— 50 km . . . (anzustoßen an den Satz für 50 km)	2,2	—	1,1	—	—	—	—	—	—	—
51—200 » . . (» » » » » 200 »	2,0	—	1,0	—	—	—	—	—	—	—
201—300 » . . (» » » » » 300 »	1,8	—	0,9	—	—	—	—	—	—	—
301—400 » . . (» » » » » 400 »	1,6	—	0,8	—	—	—	—	—	—	—
401—500 » . . (» » » » » 500 »	1,4	—	0,7	—	—	—	—	—	—	—
über 500 » . . » » » » » 500 »	1,2	—	0,6	—	—	—	—	—	—	—
auf alle Entfernungen . . .	—	—	—	0,8¹)	0,67	0,6	0,5	0,45	0,35	—
1—100 kg . . .	—	—	—	—	—	—	—	—	—	0,26
über 100 » (durchgerechnet) . . .	—	—	—	—	—	—	—	—	—	0,22

Abfertigungsgebühren für 100 kg in Markpfennig.

Entfernungen	Allgemeine Eilgut-klasse	Spezialtarif f. bestimmte Eilgüter	Allgemeine Stückgut-klasse	Spezialtarif f. bestimmte Stückgüter	A¹	B	A²	I	II	III
1— 10 km . . .	20	—	10	—	—	8	6	6	6	6
11— 20 » . . .	22	—	11	—	—	9				
21— 30 » . . .	24	—	12	—	—	10				
31— 40 » . . .	26	—	13	—	—	11				
41— 50 » . . .	28	—	14	—	—	12	9	9	9	9
51— 60 » . . .	30	—	15	—	—	12				
61— 70 » . . .	32	—	16	—	—	12				
71— 80 » . . .	34	—	17	—	—	12				
81— 90 » . . .	36	—	18	—	—	12	12	12	12	12
91—100 » . . .	38	—	19	—	—	12				
über 100 » . . .	40	—	20	—	—	12				

¹) Über 726 km wie in der allgemeinen Stückgutklasse.

angesehen, während in Wirklichkeit daselbst weder die
Transporte beginnen noch endigen. Demgemäfs kommen
in den Frachtsätzen der beteiligten Bahnen die Streckensätze und die vollen Abfertigungsgebühren zur Erhebung;
von letzteren bildet ein Teil die Entschädigung für die
seitens der Bahn auszuführenden Leistungen auf der
Abgangs- und der Bestimmungsstation, worunter hier
die Stationen zu verstehen sind, auf denen tatsächlich
ein Transport entspringt oder endigt, während der andere
Teil für die Leistungen auf der Übergangsstation verbleibt. Dieser Teil würde in Fortfall kommen, wenn,
wie im Verkehr der deutschen Eisenbahnen untereinander
üblich, im Übergangsverkehr mit den Kleinbahnen direkte
Tarife zur Einführung kämen, bei denen nur der auf die
Anfangs- und die Bestimmungsstation entfallende Anteil
an der Abfertigungsgebühr zur Erhebung gelangt, der auf
die Übergangsstation entfallende dagegen nachgelassen
wird. Um letzteren Betrag erhöhen sich somit selbst bei
gleichen Frachtsätzen die Kosten für Transporte zwischen
Eisenbahnen und Kleinbahnen gegenüber denen zwischen
ersteren untereinander. Von den Kleinbahnen wird dies
als ein Übelstand empfunden und ist deshalb schon öfter
der Wunsch nach Zulassung direkter Tarife im Verkehr
mit den Eisenbahnen laut geworden. Es erscheint aber
doch sehr zweifelhaft, ob damit den ersteren gedient wäre
und ob nicht durch die Einführung einer derartigen Mafsnahme den Kleinbahnen mehr Nachteile wie Vorteile
erwüchsen. Mehrfach wurde schon darauf hingewiesen,
dafs es für sie von wesentlichem Wert sei, ihre Tarife
den örtlichen Verhältnissen entsprechend auszubilden und
zu entwickeln; demgegenüber liegt aber die Befürchtung
nahe, dafs infolge direkter Tarife die Kleinbahnen in eine
Abhängigkeit von den Eisenbahnen hinsichtlich der Tarif-
gestaltung, der Güterklassifikation, der Einheitssätze usw.
gebracht werden könnten, die vielfach schädigend auf
die Erträgnisse einwirken würden. Dazu träte als weiterer

großer Nachteil das umfangreiche Abrechnungswesen mit
den am Transport beteiligten Bahnen, zu dessen Erledigung
bei den meisten Kleinbahnen wohl besondere Beamte
eingestellt werden müßten. Unter solchen Umständen
erscheint es angezeigt, auf anderen Wegen Erleichterungen
im Übergangsverkehr anzustreben. Gewöhnlich wird zu
diesem Zweck von den beteiligten Bahnen ein Teil der
in ihren Frachtsätzen enthaltenen Abfertigungsgebühr
nachgelassen. Ob es notwendig ist, die Vergünstigung
auf alle Güter oder nur auf einen Teil derselben aus-
zudehnen, muß in jedem einzelnen Falle sorgfältig geprüft werden, ebenso ob es nicht ausreichend ist, nur für
Sendungen nach den Orten Frachtermäßigungen ein-
treten zu lassen, die in nicht allzugroßer Entfernung
von der Übergangsstation gelegen sind, da für diese sich
der Wettbewerb des Landfuhrwerkes besonders fühlbar
macht, und zwar um so mehr, wenn auf der Übergangsstation noch eine Umladung der Güter aus den Wagen
der einen Bahn in die der anderen erforderlich ist. Von
den deutschen Staatseisenbahnverwaltungen sind im Übergangsverkehr mit den Kleinbahnen ebenfalls Erleichterungen durch Erlaß eines Teiles der Abfertigungsgebühr
geschaffen worden; so werden seitens der preußischen
Staatseisenbahn auf Antrag der Kleinbahn für die meisten
Wagenladungsgüter die Frachtsätze der Übergangsstation
um 2 Pf. für 100 kg gekürzt. (Vgl. Runderlaß des
Ministers der öffentlichen Arbeiten vom 14. Juli 1904,
S. 538, 539 der Zeitschrift für Kleinbahnen von 1904.)
An die Gewährung dieser Vergünstigung ist jedoch die
Bedingung geknüpft, daß sie von den Kleinbahnen nicht
zur Aufbesserung ihrer Erträgnisse benutzt wird, sondern
den Interessenten voll zugute kommt.

Daß neben einer richtigen Gestaltung der Tarife
auch eine einfache und zweckmäßige Einrichtung des
Abfertigungswesens Wert zu legen ist, soll anzudeuten
an dieser Stelle nicht unterlassen werden. Ein Eingehen

hierauf würde jedoch den Rahmen dieser Ausführungen überschreiten.

Erhebungen so schwieriger und umfassender Natur, wie solche angestellt werden müssen, um zu wirtschaftlich richtigen Gütertarifen zu gelangen, erübrigen sich gewöhnlich hinsichtlich der Personentarife, da hier die Verhältnisse wesentlich einfacher liegen. Ein Wettbewerb durch Landfuhrwerk (Post- und Stellwagen) wird den Kleinbahnen wohl nur in geringem Umfange erwachsen; wo aber ein solcher besteht, dürfte seine Ausschaltung sich meist ohne Schwierigkeit bewirken lassen. Die Post erhebt für die Person und das Kilometer einen Fahrpreis von 10 Pf., die Stellwagen gewöhnlich einen solchen von 5 Pf., und es wäre daher nur erforderlich, diesen Satz etwa für die III. Wagenklasse beizubehalten, um den Personenverkehr angesichts der Vorteile, welche die Beförderung mit der Kleinbahn gegenüber derjenigen mit dem Landfuhrwerk bietet, für erstere zu gewinnen. Wenn aber die Kleinbahn ihrer Aufgabe, nicht nur dem vorhandenen Verkehr zu genügen, sondern denselben auch zu fördern und zu beleben, gerecht werden soll, wird man unter jenen Satz noch herabgehen müssen. Bei den meisten deutschen Kleinbahnen bewegen sich die Beförderungspreise, einfache Fahrt vorausgesetzt, für die Person und das Kilometer zwischen 3—5,5 Pf. in der III. Klasse und zwischen 6—8 Pf. in der II. Klasse, dabei werden aber die Höchstpreise gewöhnlich von den Bahnen erhoben, die Rückfahrkarten ausgeben. Hierdurch ermäßigen sich auch bei diesen die Kosten für das Kilometer auf 3—4 Pf. in der III. und auf 4,5—6 Pf. in der II. Klasse. Die Berechtigung der Rückfahrkarten ist vielfach bemängelt und daher empfohlen worden, nur einfache Fahrkarten auszugeben, und zwar zu kilometrischen Sätzen, die denen der Rückfahrkarten entsprechen. Zur Einführung einer solchen Maßnahme wird man sich bei Kleinbahnen um so eher entschließen können,

als bei vielen von ihnen die Zahl der Reisenden, die
die Bahn auf der Hin- und Rückreise benutzen, überwiegt und weiterhin eine tunlichste Vereinfachung des
Fahrkartensystems geboten ist, da die Ausgabe der Fahrkarten bei den Kleinbahnen häufig in den Zügen erfolgt.

Üblich ist es als Einheit bei der Bemessung der
Beförderungspreise das Kilometer oder ein Vielfaches
davon zugrunde zu legen. Bei Anwendung des ersteren
wachsen die Beförderungspreise stetig mit der Entfernung
(Entfernungstarife), bei Anwendung des letzteren sprungweise (Zonentarife). Die Länge der Zonen, innerhalb
deren die Fahrpreise sich gleich bleiben, beträgt gewöhnlich 3—5 km. Der Zonentarif ermöglicht, die Zahl der
Fahrkarten einzuschränken und erleichtert dadurch den
Verkauf derselben im Zuge; er führt aber durch das
sprungweise Anwachsen der Beförderungspreise Härten
mit sich, die häufig zu Klagen der Interessenten Veranlassung geben, denn letzteren fehlt es oft an Verständnis
dafür, wie eine Bahn es vertreten kann, einen Reisenden
beispielsweise über eine Entfernung von 9 km für einen
Fahrpreis von 60 Pf. zu befördern, bei einer Entfernung
von 10 km aber einen Satz von 80 Pf. zu erheben. Viele
Kleinbahnen haben daher Entfernungstarife eingeführt
und sich bemüht, ihrem Fahrkartensystem eine Gestaltung
zu geben, die eine glatte Durchführung des Verkaufes
der Fahrkarten im Zuge und eine tunlichst weitgehende
Kontrolle dieses Geschäftes ermöglicht. Eine absolut
scharfe Kontrolle ist bei der Verlegung des Fahrkartenverkaufs in den Zug schwer durchzuführen und man
wird daher vorziehen, falls angängig, denselben durch
die Stationsbeamten bewirken zu lassen. Wo dies geschieht, bedient man sich fast allgemein der sogenannten
Edmonsonschen Fahrkarten, wie sie bei den Eisenbahnen
üblich sind. Einige Kleinbahnen haben aber auch derartige Karten für den Verkauf im Zuge zur Einführung
gebracht und lassen diesen durch den Zugführer am

Packwagen während der Zugaufenthalte besorgen; daneben werden aber auf den verkehrsreicheren Stationen die Fahrkarten durch die Stationsbeamten verkauft. In einzelnen Fällen mag sich dieses System, das die Kontrolle des Fahrkartenverkaufs erleichtert und der Vorliebe des Publikums für steife Fahrkarten Rechnung trägt, zur Nachahmung empfehlen; im allgemeinen wird man dagegen einwenden müssen, daſs es bei regerem Verkehr die Abfertigung der Züge auf den Stationen verzögert, da damit eine weitere Belastung des Zugführers verbunden ist, der ohnehin schon auf den Stationen, und namentlich auf den unbesetzten, durch die Erledigung anderweitiger Arbeiten genugsam in Anspruch genommen wird. Naturgemäſser erscheint es daher, den Verkauf der Fahrkarten während der Fahrt besorgen zu lassen; die Verwendung steifer Fahrkarten ist dabei allerdings schwerer durchführbar und werden deshalb meist Zettelkarten, wie bei den Straſsenbahnen üblich, ausgegeben. Um die Zugführer zu entlasten, empfiehlt es sich, die besetzten Stationen, die meist auch den stärksten Personenverkehr aufzuweisen haben, zum Verkauf der Fahrkarten mit heranzuziehen. Dabei ist es von nebensächlicher Bedeutung, ob von den Stationen steife Fahrkarten verwendet werden sollen, während im Zuge Zettelfahrkarten zur Ausgabe gelangen, oder ob man vorzieht, der Einheitlichkeit wegen nur letztere zu führen.

Ermäſsigungen gegen die normalen Fahrpreise werden für Reisende, die die Bahn regelmäſsig benutzen, von den meisten Kleinbahnen gewährt und demgemäſs je nach den örtlichen Bedürfnissen Zeitkarten, Schülerkarten und Arbeiterwochenkarten ausgegeben. Mit der Bewilligung weitergehender Vergünstigungen, wie solche sich bei den Eisenbahnen finden, sollte man vorsichtig verfahren, denn dadurch erschwert man die Abwicklung des Personenverkehrs, ohne gleichzeitig besondere Erfolge zu erreichen. Solche dürften sich vielmehr eher da einstellen, wo von vornherein die Fahrpreise für die einfache Fahrt nicht zu hoch bemessen und Ermäßigungen dagegen nur in beschränktem Umfange zugestanden werden.

Bei der überwiegenden Mehrzahl der Kleinbahnen ist die Zahl der Wagenklassen auf zwei beschränkt, die hinsichtlich ihrer Ausrüstung ungefähr der zweiten und dritten Wagenklasse in den Personenzügen der Eisenbahnen entsprechen. Von der Einführung einer weiteren Wagenklasse, etwa im Range der bei den Eisenbahnen üblichen vierten Klasse, mit entsprechend niedrigen Preisen ist im allgemeinen abzuraten, da dadurch die Ausnutzung der höheren Klassen und das Erträgnis aus dem Personenverkehr auf da empfindlichste geschmälert und auch die Abwicklung des letzteren erschwert würden. Dagegen kann anderseits die Führung nur einer Wagenklasse, wie bei den Strafsenbahnen üblich, nicht empfohlen werden, denn die Fahrten auf den Kleinbahnen dauern meist länger als auf jenen, und es ergibt sich hieraus für einen Teil der Reisenden das Bedürfnis, bequemer und angenehmer zu fahren, dem nur durch Schaffung von wenigstens zwei Klassen zu genügen ist. Ansprüchen des Publikums auf Einrichtung besonderer Abteile für Nichtraucher bzw. Raucher und Frauen nachzukommen, erscheint jedoch im allgemeinen nicht erforderlich, wäre auch mit Rücksicht auf die meist nur beschränkte Anzahl der in den Zügen vorhandenen Abteile kaum durchführbar.

Bis zu einem gewissen Umfange wird allgemein die unentgeltliche Mitnahme von Gepäck als Handgepäck in den Wagen zugelassen, darüber hinaus aber Freigepäck vielfach nicht gewährt. Einzelne Bahnen gestatten auch unter bestimmten Voraussetzungen die Unterbringung von Traglasten (Marktgepäck, Handwerkszeug usw.) im Packwagen unentgeltlich oder gegen Erhebung einer mäfsigen Gebühr, übernehmen für derartiges Gepäck aber keine Haftpflicht.

Gepäcktarif.

6*

Die Beförderungspreise für Gepäck werden seitens
einer Reihe von Kleinbahnen wie bei den Eisenbahnen
nach dem Gewicht und der Länge des Beförderungsweges
bemessen; ein grofser Teil der Kleinbahnen bringt aber
für den Gepäckverkehr den Zonentarif zur Anwendung
und legt nicht das Gewicht sondern die Stückzahl zugrunde. Da die Abfertigung des Gepäcks meist dem
Zugführer am Zuge obliegt, so erscheint letztere Art der
Berechnung, bei der das zeitraubende Verwiegen nicht
erforderlich ist, als die empfehlenswertere.

Verlag von R. Oldenbourg in München und Berlin.

Elektrische Bahnen und Betriebe.

Zeitschrift
für Verkehrs- und Transportwesen.

Herausgeber
WILHELM KÜBLER,
Professor an der Kgl. Technischen Hochschule zu Dresden.

Jährlich 36 Hefte mit zahlreichen Textabbildungen
und Tafeln.

Preis pro anno M. 16.—.

Das Programm der Zeitschrift umfaßt das gesamte elektrische Beförderungswesen, also nicht nur das ganze Gebiet elektrischer Bahnen (insbesondere auch der Vollbahnen), sondern auch die Massengüterbewältigung, Hebezeuge, Selbstfahrer, Boote etc. Sie enthält Aufsätze wissenschaftlichen Inhaltes aus dem Gebiete des elektrischen Verkehrs- und Transportwesens mit Einschluß aller dazu gehörenden technischen Hilfsmittel, eingehende Beschreibung und zeichnerische Darstellung von bedeutenden Ausführungen und Projekten, Mitteilung von Betriebsergebnissen, Behandlung wirtschaftlicher Fragen und Aufgaben unter Berücksichtigung der Betriebsführung und des Rechnungswesens, kurze Berichterstattung über allgemein interessierende Vorgänge in der in- und ausländischen Praxis, über die wesentlichen Erscheinungen der Fachliteratur, der Statistik usw.

===== Probe-Nummer gratis. =====

Verlag von R. Oldenbourg in München und Berlin.

Bau und Instandhaltung der Oberleitungen

elektrischer Bahnen. Von P. Poschenrieder, Ober-Ing. der Österreich. Siemens-Schuckertwerke. VII u. 200 Seiten. gr. 8°. Mit 226 Text-Abbildungen und 6 Tafeln. Preis M. 9.—.

Was dem Buche einen besonderen Wert, namentlich für den Praktiker verleiht, sind die vielen Bemerkungen und Winke über mancherlei scheinbar nebensächliche Umstände, deren rechtzeitige und sachgemäße Beachtung vielen Unannehmlichkeiten vorzubeugen vermag. Daß sich das Werk nicht bloß auf die Behandlung des im Titel des Buches umschriebenen Gebietes im engeren Sinne beschränkt, sondern in ausführlicher Weise auch auf die mit den Oberleitungen im Zusammenhange stehenden sonstigen Verhältnisse und Einrichtungen elektrischer Bahnen Rücksicht nimmt, so insbesondere auf die Herstellung der elektrischen Schienenrückleitungen, auf die Anordnung der Schutzvorrichtungen gegen atmosphärische Entladungen, auf Vorkehrungen zum Schutze von Schwachstromleitungen und zur Vermeidung schädlicher Einflüsse der vagabundierenden Ströme, auf die Kosten der Oberleitungen elektrischer Bahnen etc., bedeutet jedenfalls eine sehr zweckdienliche Vervollständigung des Inhaltes und gibt einen Beweis von der eingehenden Vertrautheit des Verfassers mit den Bedürfnissen der Praxis. **Wochenschrift für den öffentlichen Baudienst.**

Elektrisch betriebene Straßenbahnen.

Taschenbuch für deren Berechnung, Konstruktion, Montage, Lieferungsausschreibung, Projektierung und Betrieb. Herausgegeben von S. Herzog, Ingenieur. XII u. 475 Seit. 8°. Mit 377 Textfig. und 4 Tafeln. Eleg. in Leder geb. Preis M. 8.—.

Der Verfasser und seine Mitarbeiter haben mit dem vorliegenden Werke den Zweck verfolgt, ein Taschenbuch zu schaffen, welches alle auf die Berechnung, Konstruktion, den Bau, Lieferungsausschreibung, den Betrieb usw. elektrisch betriebener Straßenbahnen Bezug habenden und in der Praxis gut verwertbaren Angaben enthält. Ihr Bestreben ging daher dahin, das in den zahlreichen Veröffentlichungen niedergelegte Material zu sichten, das Wertvollste herauszugreifen, durch ihre eigenen Erfahrungen und jene, welche von den hervorragendsten elektrotechnischen Firmen zur Verfügung gestellt wurden, zu ergänzen, das gesamte Material in übersichtlicher Weise zusammenzustellen und in einer für die praktische Verwendung geeigneten Form wiederzugeben. Nach eingehender Durchsicht dieses Taschenbuches glauben wir zu dem Ausspruche berechtigt zu sein, daß der Verfasser eine bedeutende Sachkenntnis zutage gelegt und die sich gestellte Aufgabe in der Tat in völlig befriedigender Weise gelöst hat, daher das Büchlein allen Fachgenossen ein guter und verläßlicher Ratgeber sein wird. **Elektrotechnischer Neuigkeits-Anzeiger.**

Die Verwendung des Drehstroms,

insbesondere des hochgespannten Drehstroms für den Betrieb elektrischer Bahnen. Betrachtungen und Versuche von Dr.-Ing. W. Reichel, Obering. der Firma Siemens & Halske, A.-G. VIII u. 158 Seit., gr. 8°, mit zahlr. Textabb. u. 7 Tafeln. In Leinwand geb. Preis M. 7.50.

Der durch seine Veröffentlichungen über die Schnellbahnversuche der Studiengesellschaft bereits rühmlichst bekannte Autor hat in diesem Werke seine durch Versuche und Studien auf diesem Gebiete gewonnenen Erkenntnisse und Erfahrungen in dankenswerter Weise zusammengefaßt und rechnerisch verwertet. Das Buch dürfte den Kristallisationskern für die neu sich bildende Lehre und Literatur vom elektrischen Vollbahnwesen werden, und es wird schwerlich ein Ingenieur an derartige Aufgaben herantreten können, ohne ein ernstes Studium dieses Werkes vorangehen zu lassen. Die elegante Art der Lösung einer Reihe komplizierter Aufgaben zeugt, abgesehen von ihrem sachlichen Wert, auch von großer Gewandtheit in der spezifisch technisch-anschaulichen Art der Darstellung, die in dieser Unmittelbarkeit eben nur von dem schaffenden und ausführenden Ingenieur nach langem zähen Kampfe mit der Sprödigkeit des Stoffes zum Ausdruck

Verlag von R. Oldenbourg in München und Berlin.

gebracht und daher für die Lösung weiterer Aufgaben direkt verwendet werden kann. Ein Hauptergebnis der Arbeit ist die scharfe Abgrenzung des Verwendungsgebietes des Drehstromes, und zum erstenmale treten in der Literatur ausführlich durchgeführte und mit Zahlen belegte Gegenüberstellungen der Vor- und Nachteile in der Anwendung von Drehstrom gegenüber Gleichstrom zutage. **Elektrotechn. Zeitschrift.**

Entwurf elektrischer Maschinen und Apparate.

Moderne Gesichtspunkte von Dr. **F. Niethammer**, Professor an der Technischen Hochschule zu Brünn. IV u. 192 S. gr. 8°. Mit 237 Textabbildungen. In Leinw. geb. Preis M. 8.—.

Das vorliegende Werk behandelt konstruktiv die neueren und neuesten Typen elektrischer Gleich- und Drehstromerzeuger und Motoren, sowie auch Transformatoren und alle wichtigen zu erwähnten Maschinen und Apparaten gehörigen Starkstrom-Schalt- und Regulierungs-Einrichtungen. Der Verfasser hat es verstanden, überall in knapper, bestimmter Form das Wissenswerte zu geben, so daß das Buch nicht nur als Leitfaden für den Konstrukteur, sondern auch als Lehrbuch für den Studierenden und als Berater für den in der Betriebspraxis stehenden Ingenieur und Techniker empfohlen werden kann. **Elektrotech. Anzeiger.**

Erläuterungen zu den Sicherheitsvorschriften

für den Betrieb elektrischer Starkstromanlagen. Herausgegeben von der Vereinigung der Elektrizitätswerke. 19 S. 8°. Preis —.50.

Deutscher Kalender für Elektrotechniker.

Herausgegeben von **F. Uppenborn**, Stadtbaurat in München. 23. Jahrgang. Zwei Teile, wovon der 1. Teil in Brieftaschenform (Leder) gebunden, Preis M. 5.—.

Österreichischer Kalender für Elektrotechniker.

Unter Mitwirkung des **Elektrotechnischen Vereins, Wien** herausgegeben von **F. Uppenborn**, Stadtbaurat. Zwei Teile, wovon der 1. Teil in Brieftaschenform (Leder) gebunden, Preis Kr. 6.—.

Schweizerischer Kalender für Elektrotechniker.

Unter Mitwirkung des **Schweizer Elektrotechnischen Vereins** herausgegeben von **F. Uppenborn**, Stadtbaurat. Zwei Teile, wovon der 1. Teil in Brieftaschenform (Leder) gebunden, Preis Frs. 6.50.

Elektrotechnisches Auskunftsbuch.

Alphabetische Zusammenstellung von Beschreibungen, Erklärungen, Preisen, Tabellen und Vorschriften, nebst Anhang, enthaltend Tabellen allgemeiner Natur. Herausgegeben von **S. Herzog**, Ingenieur. IV u. 856 Seiten 8°. In Leinw. geb. Preis M. 10.—.

Der aus verschiedenen Werken schon bekannte Verfasser hat es in dem vorliegenden Buch unternommen, in gedrängter Form über den größten Teil der in der Praxis vorkommenden Worte, Begriffe, Gegenstände, Materialien, Preise usw. in alphabetisch geordneter Weise Aufschluß zu geben. Ein derartiges Werk ist für den praktischen Ingenieur äußerst wertvoll und kann man die Neuerscheinung daher nur freudig begrüßen. Erspart sie doch bei vielen Arbeiten ein mühevolles Suchen in Katalogen und Preislisten, Broschüren und Zeitschriften. Sehr ausführlich und allen Ansprüchen genügend sind die Angaben über Drehstromgeneratoren und Motoren, sowie über Gleichstromdynamos und Motoren. Hier kann man wirklich über jede vorkommende Frage, über Dimensionen der Maschinen selbst und ihrer Zubehörteile, über Umdrehungszahlen usw. Aufschluß erhalten. **Dinglers Polytechnisches Journal.**

Verlag von R. Oldenbourg in München und Berlin.

Taschenbuch für Monteure elektrischer Beleuchtungs-Anlagen, unter Mitwirkung von O. Görling und Dr. Michalke bearbeitet und herausgegeben von S. Frhr. von Gaisberg. 29. Auflage. XII u. 215 Seiten, 8°, mit 170 Textabbildungen. In Leinwand geb. Preis M. 2.50.

Wenn ein technisches oder wissenschaftliches Werk in ca. 20 Jahren hintereinander in jedem Jahre eine, gelegentlich auch zwei Auflagen erlebt, so ist jede Kritik überflüssig. **Elektrotechnische Zeitschrift.**

Der Eisenbau. Ein Handbuch für den Brückenbauer und den Eisenkonstrukteur. Von **Luigi Vianello**. Mit einem Anhang: Zusammenstellung aller von deutschen Walzwerken hergestellten I- und [-Eisen. Von Gustav Schimpff. (Oldenbourgs Technische Handbibliothek, Bd IV.) XVI und 691 Seiten 8°, mit 415 Textabbildungen, In Leinwand gebunden Preis M. 17.50.

Der Verfasser ist durch Veröffentlichung seiner wissenschaftlichen Arbeiten und durch seine Mitarbeit an der Erbauung der Berliner Hoch- und Untergrundbahn, deren Entwurfsbureau er längere Zeit zugehörte, bestens bekannt geworden. Sein Buch wird dem Bauingenieur sehr willkommen sein, da es in sich das vereinigt, was für die Praxis von Wert ist und sonst nur in einer Reihe einschlägiger Werke zu finden wäre. Mit feinem praktischen Gefühl hat der Verfasser eine richtige Wahl bei dem nur zu reichlich vorhandenen Material getroffen, und den Stoff in knapper und klarer Form, immer soweit als möglich vereinfacht, wiedergegeben. Dabei konnte er oft Ergänzungen und Neuerungen auf grund seiner eigenen Erfahrung einführen, so daß viele Abschnitte, die sonst wohlbekannte Gegenstände behandeln (wie z. B. Knickfestigkeit, vollwandige Träger usw.) auch für den geübten Konstrukteur wertvoll sind. **Deutsche Bauzeitung.**

Träger-Tabelle. Zusammenstellung der Hauptwerte der von deutschen Walzwerken hergestellten I- und [-Eisen. Nebst einem Anhang: Die englischen und amerikanischen Normalprofile. Herausgeg. von **Gustav Schimpff**, Regierungsbaumeister. VIII und 59 Seiten in quer 8°. Kartonniert Preis M. 2.—.

Das vorliegende Tabellenwerk entspricht einem Bedürfnisse, das von Eisenkonstrukteuren gewiß schon oft empfunden worden ist, und bildet eine wertvolle Ergänzung des „Deutschen Normalprofilbuches". Entstanden ist dieses Bedürfnis aus der Tatsache, daß neben den „Deutschen Normalprofilen" der I- und [-Eisen in ihrer jetzigen Form neuerdings wieder in größerem Umfange auch Profile anderer Art gewalzt werden, teils weil sich die Werke zur Erweiterung ihres Absatzgebietes gezwungen sahen, englische und amerikanische Profile herzustellen, teils weil die deutschen Normalprofile nicht für alle Zwecke gleich geeignet sind, namentlich nicht zur Verwendung als gedrückte Stäbe, Säulen usw. Verfasser hat sich daher der mühevollen Arbeit unterzogen, alle ihm bekannt gewordenen abweichenden, in Deutschland z. Zt. gewalzten I- und [-Profile mit den Normalprofilen zusammenzustellen. Neben den Abmessungen, Widerstands- und Trägheitsmomenten sind auch als wertvolle Ergänzung für die I-Eisen die „freien Längen" angegeben, d. h. die Längen, bei welchen für einen auf Knicken beanspruchten, nicht eingespannten Stab die Knicksicherheit eine fünffache ist bei 1000 kg/qcm Beanspruchung des Querschnittes. **Deutsche Bauzeitung.**

www.ingramcontent.com/pod-product-compliance
Lightning Source LLC
Chambersburg PA
CBHW031450180326
41458CB00002B/720